水电站机电设备安装

灯泡贯流式机组

中国华能　桑河二级水电有限公司　编

中国电力出版社
CHINA ELECTRIC POWER PRESS

内 容 提 要

本书以"一带一路"的窗口工程，柬埔寨王国目前最大的水电站——桑河二级水电站为背景，针对大型灯泡贯流式机组的特点和结构，结合现场设备安装，从设备构造、安装工艺、安装流程等方面，对灯泡贯流式机组的安装进行介绍。全书共三章，主要内容包括：第一章工程概述；第二章水轮机安装，其中包括管型座安装、导水机构安装、主轴及轴承安装、主轴密封安装和转轮及转轮室安装；第三章发电机安装，其中包括定子组装、定子下线安装、转子安装、锥体及灯泡头安装和受油器安装。

本书作为研究大型灯泡贯流式机组安装的技术资料，总结了工程现场的安装经验，尤其收集了大量现场安装图片，对灯泡贯流式机组安装、运行、维护具有一定的借鉴和指导价值。本书可供从事灯泡贯流式机组安装、运行、维护工作的技术人员、管理人员学习，也可供从事灯泡贯流式机组设计、制造、试验的技术人员参考。

图书在版编目（CIP）数据

图解水电站机电设备安装. 灯泡贯流式机组 / 中国华能桑河二级水电有限公司编. —北京：中国电力出版社，2020.4

ISBN 978-7-5198-4170-6

Ⅰ.①图… Ⅱ.①中… Ⅲ.①水利水电工程—机电设备—设备安装—图解②灯泡型发电机—设备安装—图解 Ⅳ.① TV734-64

中国版本图书馆 CIP 数据核字（2020）第 017066 号

出版发行：中国电力出版社
地 　址：北京市东城区北京站西街 19 号（邮政编码 100005）
网 　址：http://www.cepp.sgcc.com.cn
责任编辑：畅 　舒
责任校对：黄 　蓓 　闫秀英
装帧设计：王红柳
责任印制：吴 　迪

印 　刷：三河市万龙印装有限公司
版 　次：2020 年 4 月第一版
印 　次：2020 年 4 月北京第一次印刷
开 　本：787 毫米 ×1092 毫米 　16 开本
印 　张：11.5
字 　数：193 千字
印 　数：0001—1500 册
定 　价：68.00 元

水电站机电设备安装
灯泡贯流式机组

编写委员会

主　任　李　飞
副主任　李梦森　皮跃银　燕　翔
成　员　李　明　裴红洲　朱　宏　李雪锋　李　锦

编写组

主　编　燕　翔
副主编　李　明　裴红洲　朱　宏
成　员　赵安波　杨松林　申长超　徐中俊　唐小龙
　　　　翟爱元　何建东　孙永海　曹加法　杨良雪松
　　　　杨　佳　张　颖　张　伟　王　龙　黄猛飞
　　　　尹志丰　张　帅　王　挺

图解水电站机电设备安装
灯泡贯流式机组

前 言

　　近年来，随着水电建设的快速发展，中高水头电站已得到充分开发，低水头电站已成为水电开发的重要方向。灯泡贯流式机组作为低水头电站的重要机型，具有效率高、运行稳定、建设周期短、投资省等优点，近年来得到广泛应用。

　　目前，灯泡贯流式机组在水电站机型中占比不大，多数水电从业人员对此机型不大熟悉，市面上相关技术书籍较少。桑河二级水电站共安装 8 台单机容量 50MW 灯泡贯流式机组，额定水头 21.7m，其单机容量、额定水头在同类型机组中都处于世界前列。电站安装单位具有丰富的贯流式机组施工经验，业主单位具有丰富的水电站建设运营管理经验，且深度参与机组安装调试。那为何不组织编辑一本书，图文并茂记录灯泡贯流式机组安装过程。既可以及时总结机组安装经验，也便于日后内部培训及电力同行交流借鉴。为此，桑河二级水电有限公司成立编写委员会，结合机组安装调试，组织开展本书编辑工作。

　　根据机组安装流程，本书将水轮机安装按照管型座安装、导水机构安装、主轴及轴承安装、主轴密封安装、转轮及转轮室安装等进行分类。将发电机安装按照定子组装、定子下线、转子安装、锥体及灯泡头安装、受油器安装等进行分类。

　　在本书的编辑过程中，编写人员废寝忘食、夜以继日，深入安装一线，在炎热的施工现场爬上爬下、钻进钻出、蹲点守候，对关键环节及重要节点拍照记录，留下许多珍贵的图片。经过编写组的辛勤付出，经多方咨询、多次完善，本书几经审改最终定稿。

　　希望本书能成为大型灯泡贯流式机组安装技术领域内一本既

通俗易懂又专业实用的有益读本，希望各位读者能够从中读有所获、学有所得。鉴于本书仅对机组安装过程、工艺要求及注意事项进行介绍，必然还有许多技术问题没有深入探讨，未尽之处，请各位读者给予批评指正。

在本书即将出版之际，感谢在本书策划、编写、审核、校对、出版过程中给予关心和帮助的各位领导、各位专家，感谢所有参与本书编写的专业技术人员，向你们致以崇高的敬意！

编者

2020 年 1 月

水电站机电设备安装
灯泡贯流式机组

目 录

第一章 概　述

第一节　工程概述

一、工程概况

桑河二级水电站是由中国华能集团有限公司控股和管理，由中、柬、越三国公司以 BOT 模式共同投资开发。

桑河二级水电站是柬埔寨最大的水电站，堪称柬埔寨"三峡工程"。电站位于柬埔寨王国上丁省西山区境内的桑河干流上，电站北距柬埔寨 – 老挝边境线约 70km，东距越南 – 柬埔寨边境线约 200km。电站枢纽主要由左右岸均质土坝、河床泄洪坝段、混凝土挡水连接坝段、河床式厂房、下游消力池、电站进水口、侧墙式接头等建筑物组成。主机段沿水流方向依次布置拦沙坎、进水渠、拦污栅、坝顶交通、检修闸门、主机间、下游副厂房、尾水平台、事故闸门、尾水渠。电站总库容 27.12 亿 m³，坝顶全长 6.5km，是亚洲第一长坝。

电站共安装 8 台单机容量 50MW 灯泡贯流式机组，额定水头 21.7m，其单机容量、额定水头在同类型机组中处于世界领先。电站总装机容量 400MW，约占柬埔寨全国总装机的 20%，多年平均发电量 19.7 亿 kWh。

电站于 2013 年 10 月开工建设，2017 年 12 月 9 日首台机组投产发电，2018 年 10 月 21 日 8 台机组全部投产发电。电站的建成投产极大缓解了柬埔寨电力供应不足的现状，对加快柬埔寨经济社会发展具有重大意义。

二、工程特性表

桑河二级水电站工程特性表见表1-1。

表1-1 桑河二级水电站工程特性表

序号	名称	内容、参数
一	水库特性	
1	校核洪水位（$P=0.05\%$）	75.50m
2	设计洪水位（$P=0.1\%$）	75.10m
3	正常蓄水位	75.00m
4	死水位	74.00m
5	正常蓄水位以下库容	17.925亿m^3
6	死库容	14.5934亿m^3
7	调节库容（日调节）	3.3316亿m^3
二	下游水位	
1	校核洪水位（0.05%）	62.24m
2	设计洪水位（0.1%）	62.22m
3	电站满发流量尾水位	51.00m
4	一台机组满发流量尾水位	48.50m
三	水 头	
1	最大水头	27.2m
2	加权平均水头	23.73m
3	最小水头	14.0m
四	径 流	
1	多年平均流量	1310m^3/s
2	最枯月平均流量	174m^3/s
五	主要建筑物及设备	
1	挡水建筑物	
1.1	型式	混凝土重力坝
1.2	地基特征	微风化基岩
1.3	坝顶高程	79.0m
1.4	坝顶长度	483.0m

续表

序号	名称	内容、参数
1.5	最大坝高	47.9m
2		溢流表孔
2.1	坝顶高程	79.0m
2.2	溢流坝长度	180m
2.3	表孔数量	10
2.4	孔口尺寸（宽×高）	13m×21m
3		均质土坝
3.1	最大坝高	33m
3.2	左岸土坝长	3608.2m
3.3	右岸土坝总长	2452.0m
4		进 水 口
4.1	进水口数量	8
4.2	拦污栅数量、尺寸	16扇、4.39m×30.7m
4.3	检修门数量、尺寸	2扇、11.28m×13.3m
4.4	底板高程	29.82m
5		厂 房
5.1	主厂房尺寸（长×宽×高）	193.0m×24.5m×61.2m
5.2	水轮机安装高程	36m

第二节　水轮发电机组主要技术特性

　　水轮发电机组是水电站的主要设备，其中水轮机是原动机，它将水能转换成旋转的机械能，并带动发电机发电。

　　桑河二级水电站为坝后式电站，共有 8 台机组，单机容量为 50MW，总装机 400 MW，坝顶高程 EL79.00m，水头范围为 14.0~27.2m，加权平均水头为23.73m，水轮发电机组由东方电机有限责任公司生产。

水轮机结构形式为灯泡贯流转桨式，主要由受油器（安装于发电机舱内）、管型座、水导轴承、主轴密封、导水机构、转轮及转轮室、伸缩节、尾水管等部件从上游至下游依次布置。水轮机的主要技术参数见表1-2。

表1-2 水轮机的主要技术参数

名称	参数	名称	参数
型号	GZD（802）-WP-550	比转速	604.38m·kW
转轮直径	5.5m	吸出高度	-15.0m
额定出力	52.28MW	转轮室压力	-0.1~0.25MPa
最大水头	27.9m	转轮叶片	5个
额定水头	21.70m	活动导叶	16个
最小水头	14.0m	桨叶转角	-18°~+12°
加权平均水头	23.73m	旋转方向	上游向下游看顺时针
设计流量	252.45m³/s	安装高程	36.0m
额定转速	125 r/min	尾水管压力	-0.1~0.4MPa
协联飞逸转速	270.0 r/min	最高效率	≥95.5%
非协联飞逸转速	375.0 r/min	电站空化系数	1.125
额定效率	≥92.5%		

发电机结构形式为灯泡贯流式机组。推力轴承与径向轴承位于发电机下游组合轴承内，推力轴承分为正推与反推（各12块），径向瓦6块，发电机励磁方式为静止晶闸管自并励励磁系统，定子绕组为双层条式波绕组、星形连接，引出线和中性点均为线电压级全绝缘并引出至风洞外。发电机的技术参数见表1-3。

表1-3 发电机的技术参数

名称	参数	名称	参数
型号	SFWG50-48/6850	结构型式	灯泡贯流式
额定容量	58.82 MVA	额定功率	50 MW
额定电压	10.5kV	额定电流	3234A
额定励磁电压	385V	额定励磁电流	1050A
空载励磁电压	110V	空载励磁电流	637A

续表

名称	参数	名称	参数
额定频率	50Hz	功率因数	0.85
额定转速	125r/min	飞逸转速	协联：270r/min 非协联：375r/min
磁极对数	24	进相容量	−30.987Mvar
额定效率	97.6%	允许飞逸时间	5min
绝缘等级	F 级	冷却方式	密闭自循环空气冷却
励磁方式	AC380V+DC220V	相数	三相
定子绕组连接	Y 形连接	定子每相并联支路数	2
发电机接地方式	中性点经接地变压器接地	短路比	≥ 1.0
转子重量	145t	定子槽数	396
飞轮力矩（GD2）	3300t · m²	推力负荷	正反推各690t，径向负荷155t
旋转方向	自上游侧看顺时针	发电机气隙	13mm
大修间隔时间	≥ 8 年	退役前的使用期限	≥ 40 年
机组允许年启动次数	≥ 1500	制动器压力	0.6~0.8MPa

第三节　水轮发电机结构特点

一、总体结构特点

（1）直通型引水流道设计。机组引水流道为直通型，将整个水轮发电机组均置于流道内，发电机位于水轮机流道内的上游侧，上游水流在流过发电机后进入导叶，再通过拖动转轮桨叶带动发电机旋转。此种设计由于水流在流道内基本沿轴向运动不拐弯，因此大大提高了机组的过水能力及水利效率。

（2）双悬臂结构设计。发电机与水轮机共用一根轴，采用两个导轴承，分别位于发电机转子与转轮之间，构成双悬臂支撑结构。发电机导轴承位于转子下游侧，与正反向推力轴承合用一个油槽，承受转动部分的重量和气隙偏心引起的磁拉力；水导轴承位于水轮机主轴密封上游侧。此种设计具有支撑结构简单、可靠，性价比高，运行维护方便等优点。

（3）水轮机侧和发电机侧各设有一个竖井，作为安装、检修和运行维护人员的进出通道，并布置机组操作所需的油气水管路及电缆等，在机组安装及检修时，各部件可通过水轮机和发电机竖井吊入及吊出。

（4）由于灯泡贯流式机组的飞轮力矩较小，为满足调节保证计算要求，导叶采用分段关闭方式，在导叶接力器操作油管路上设置有分段关闭装置。为防止机组飞逸，在导水机构控制环上设有重锤。此外，在尾水出口设有可动水关闭的事故闸门。

二、水轮机结构特点

（1）水轮机为双调节方式，受油器布置在发电机灯泡头内，接受调速器系统来油，通过接力器和操作油管，操纵桨叶的开启和关闭。

（2）尾水管为中空的薄壁流道里衬，该里衬为锥形焊接结构，分为 2 段，每段分为 2 瓣，能够安全承受各种尾水位的内外水压力及运行中的压力脉动。在尾水管上设有进入流道的进人孔，在机组检修时，检修人员可通过此孔进入流道进行检查修理工作。

（3）伸缩节位于尾水管上游法兰与转轮室之间，用于承受转轮室的径向力，并将其通过尾水管传递到混凝土上，同时允许转轮室有相对尾水管的微小轴向位移（由温度变化引起）。

（4）管型座既是重要的受力部件、整个机组的安装基准，也是导流部件。管型座承受水轮发电机组转动部分的重量、正水推力、反水推力、水压力、设备所受浮力、发电机的扭矩、热变形产生的应力等载荷，同时承受导叶外环传过来的水压力及导水部件重量和水体重量等载荷，再通过上、下立柱传递到混凝土上。内环与外环之间的空间构成机组过流流道。

（5）导水机构分为导叶外环和导叶内环。其结构均为圆锥状的环形件，为成型碳钢板焊接而成，导叶内、外环的过流面为多段圆弧面及球面构成，在外环及内环的过流球面均布有 16 个导叶轴孔，导叶轴孔中心线过球面圆心，共设有 16 个活动导叶，为非整体式扇形结构，装配时，待所有导叶上端轴全部装入导叶外环对位后，吊装导叶内环，最后安装导叶下端轴。外部操作机构共设有 8 个硬连杆与 8 个弹簧安全连杆间隔布置，采用安全连杆保护导叶的同时，避免了更换剪断销的麻烦。整个操动机构由接力器控制开启，由接力器和重锤控制关闭，接力器与控制环和底座均用自润滑关节轴承连接，这样既可以使接力器适应控制环的转动，同时避免活塞杆承受径向力损伤；为防止机组飞逸，在控制环右侧设有关闭重锤，当调速器失压时，可依靠重锤形成的关闭力矩，加上导叶水力矩有自关趋势，能可靠关闭导叶。

（6）主轴水平卧式布置，为低合金碳素结构钢（ASTM A668 CL.D）整锻结构，中空、带双法兰、正反镜面，加工后总长 7449mm，总重约 65t；转子支架通过 18 个 M100X6 联轴螺栓把合于主轴上游侧，通过 6 个 ϕ195 圆柱销套定位传扭；转轮体通过 20 个 M90X6 联轴螺栓把合于主轴下游侧，通过 5 个 ϕ200 圆柱销套定位传扭。

（7）转轮为转桨式结构，共 5 个叶片，叶片角度可以根据需要进行调节，油压装置根据机组控制信号向受油器提供压力油，压力油经过操作油管通入布置在轮毂中心的桨叶接力器开腔或关腔，推动接力器缸轴向运动，操作叶片开关动作，使桨叶与导叶操动机构按协联工况运行。其主要由转轮体、叶片、枢轴、拐臂、连杆、叶片密封、活塞缸、活塞杆、活塞、泄水锥等部件组成。转轮体采用铸钢材料，在过流面叶片的转动范围内采取堆焊不锈钢等防磨蚀措施；叶片采用抗磨蚀性能良好的低碳马氏体不锈钢铸造，叶片外缘设有抗空蚀裙边；叶片密封采用多道 V 形密封组合而成，此种密封结构形式简单、安全可靠、检修更换方便，即使在长期运行过程中产生磨蚀，也能保证叶片严密结合，从而达到封油封水的目的。

（8）转轮室分为上下两瓣，上游与导水机构法兰面连接，下游与伸缩节连接，不埋入混凝土基础中，其具有足够的刚强度及抗磨蚀性能，转轮室为球体结构，采用模压钢板焊接而成，在转轮叶片转动范围内和转轮室易空蚀部位，均采用不锈钢材料制作，转轮室外部设有加强环筋。

（9）水导轴承为油润滑筒式轴承，位于灯泡体内（靠近主轴密封，位于转轮上游侧）。轴承体分为上、下 2 瓣，且上、下瓣瓦结构不同，上半瓦与主轴不接触，且开设有溢油孔，高温的高压油经过此孔排出；下半瓦浇铸有钨金层，且开设有一组进油孔，经冷却的高压油经进油孔进入主轴与轴瓦配合面，在该面形成一层油膜，增加了系统的润滑性及耐磨性，轴瓦在厂内与主轴进行研配刮瓦，即将钨金层刮成鱼鳞状，目的为了增加储油空间。

（10）主轴密封的作用是防止流道中的水进入灯泡体内部，主轴密封装配包括护盖、检修密封座、检修密封盖、实心空气围带、浮动环、支持环、抗磨板、密封块、密封盖、主轴护环、无间隙密封装配、密封水气管路及磨损指示装置等。工作密封为自补偿式水压端面密封，其工作原理为：不锈钢抗磨板固定在护盖上端面，复合材料制成的密封块把合于不锈钢浮动环上，浮动环装于支持环内侧，滑动接触且设有密封圈和导向环，工作时依靠浮动与支持环间的弹簧力和密封腔内的水压力，将密封块与抗磨板贴合，达到密封的效果。密封端盖上设有无间隙密封装配，可以有效避免从工作密封漏出的水进入水轮机室内并通过密封端盖底部的排水管将可能漏出的水排至水轮机底层廊道。检修密封为加压式实心空气围带，工作气压 0.7MPa，投入时实心围带在压缩空气的作用下向径向内侧膨胀与护盖外圆紧密贴合，阻止流道内不清洁水流通过导叶内环延伸段于转轮的轴向间隙处进入机组内，从而达到密封的目的。

（11）受油器是供油装置，通过操作油管将油（高压油和低压油）从固定部件传送至转动部件。

三、发电机结构特点

发电机采用水平灯泡式结构布置方式。正、反推力轴承位于转子的下游侧，整个机组设两个卧式径向轴承，其中发电机径向轴承位于转子与正向推力轴承之间。发电机采用带鼓风机的强迫空气冷却方式。发电机与水轮机共用一根轴。

（1）定子机座即灯泡体采用钢板焊接结构。分两瓣运输，工地叠片下线，定子铁芯采用绝缘穿心螺杆把合方式压紧，所有定子端箍、铁芯压指、通风槽钢都采用非磁性材料。定子绕组采用两路星形波绕组的结构，定子线棒为单匝杆式，并采用小于 360° 的换位方式，定子绕组中性点在灯泡内并头连接后引出进入简外，六根主引出线由进入简引出后通过封闭母线进入厂房与主变相连。

（2）转子支架为圆盘式钢板焊接结构，磁轭由 8 段优质厚钢板焊接而成，支架筋板斜向设置，以利径向通风，支架中心体直接与水轮机主轴法兰相接，利用销套传递扭矩。在转子支架上游侧设有可拆的多块制动环，磁极铁芯采用薄钢板冲片迭压而成，磁极线圈为带散热翅的异形铜排焊接而成，为 F 级绝缘，磁极上设有纵、横阻尼绕组，磁极采用螺栓把合的方式固定在转子支架上。

（3）发电机设组合式正、反向推力轴承和分块瓦卧式径向轴承。轴向推力负荷和径向负荷由轴承支架传递到水轮机座环上，轴承支架为整体焊接结构。正、反向推力瓦和径向瓦由同一轴承支架支撑，采用支柱螺钉支承的可调瓦结构。推力瓦为钨金瓦，并采用高位油箱自重力供油的润滑方式，推力轴承不设高压油顶起装置。径向轴承采用分块瓦线支撑结构，下部设 4 块工作瓦，上部设 2 块辅助瓦，径向瓦均采用高位油箱自重力供油和瓦面进油边开槽入油的润滑方式，径向轴承下部 4 块瓦设高压油顶起装置，并在机组开停机时启用，以主轴本体作正、反推力轴承镜板和卧式轴承轴颈。

（4）发电机采用密闭强迫自循环混合式通风系统，在定子上游侧设有 6 个串片式空气冷却器，并相应配有 6 个鼓风机，一部分冷风经鼓风机加压后进入转子支架，并与转子支架旋转压头串联，使冷风通过磁轭，磁极后进入气隙，再经过定子通风沟后由铁芯背部流出并折为纵向到达空气冷却器入口；另一部分由转子支架下游侧进入，流经定、转子全长后，到达空气冷却器入口；两部分热空气汇合进入冷却器，经冷却后进入鼓风机，构成完整的循环风路。

（5）二次水冷却系统为密闭水循环方式，经空气冷却器热交换后的热水进入锥体冷却套，利用河水将冷却套内的水冷却，再通过水泵加压后注入冷却器以构成水冷却循环系统，为防止由于水受热膨胀而造成水循环系统内部压力升高，发电机上方设有一个与冷却套相连的膨胀水箱，水系统管路上设有排气阀，以排出水循环系统内的气体，保证系统有良好的冷却效果。当河水温度偏高时，就切换到一次水系统。经空气冷却器和油冷却器热交换后的热水直接排进河道，河水通过水位差压后注入冷却器构成水冷却循环系统，使系统达到良好的冷却效果。

（6）锥体是水冷却系统的重要部件之一，采用双层钢板焊接，两层间间隙为 12mm，内为二次循环水流道，锥体外壁钢板采用优质复合钢板 06Cr19Ni10/Q345B。锥体上部设有进人筒，上游侧与灯泡头把合，下游侧与定子机座把合，锥体内部放置有空气冷却器等部件，锥体分为两瓣，下部设有排水孔。

（7）垂直支撑。为保证发电机在各种工况下的整体稳定性，在发电机灯泡体下部靠定子机座上游侧设有两个垂直支撑，通过预埋基础螺栓将其固定在混凝土支墩上，两垂直支撑相差12°，轴线指向灯泡体圆心，垂直支撑设有适当的预紧力。垂直支撑的连接采用球面结构，以允许灯泡体在运行中因定子温升而产生一定的轴向位移（一般小于1mm），该种设计机构可大大降低灯泡体和基础的热膨胀力。

（8）水平支撑。水平支撑设置在灯泡头左右两侧的流道内，通过基础螺栓将其固定在流道两侧的混凝土基础上，水平支撑设有一定的对称预紧力，是灯泡体可以承受水流、机械和电磁不平衡侧向力，以防止灯泡体在运行中产生有害的振动。水平支撑靠近流道混凝土基础和泡体的两端均设有球面支铰，以保证灯泡体在运行中在轴向可以自由伸缩。

（9）封水盖板和进人筒。作为流道的一部分的封水盖板和发电机进人筒均由钢板焊接而成，盖板与基础之间用橡胶板密封，盖板与进人筒间采用两道橡胶圆条密封。封水盖板具有机组甩负荷时最大压力上升值所对应的刚强度。进人筒具有足够的进出空间可保证发电机冷却器的整体起吊。

第四节　水轮发电机组总体安装程序

水轮发电机组总装程序是根据水轮发电机组安装所固有的各个安装环节的内在结构特性决定的，理清水轮发电机组的总装程序有利于排出整个水轮发电机组施工的关键路线，在施工组织中可以合理安排施工进度、调配施工的人力资源，作到平稳施工、降低成本；也可以通过施工的总体安装程序发现哪些影响施工总体目标的滞后工序，通过合理计划来确保总体安装工期的控制。水轮发电机组的总体安装程序是把水轮机安装与发电机安装综合在一起来考虑的，把各个工序连在一起就形成了水轮发电机组安装的网络图。在施工网络图中，有的工序可以同时进行，并不是一成不变的。现把水轮机安装程序与发电机安装程序分述如下：

一、水轮机发电机安装程序

水轮机、发电机安装程序框图如图 1-1 所示。

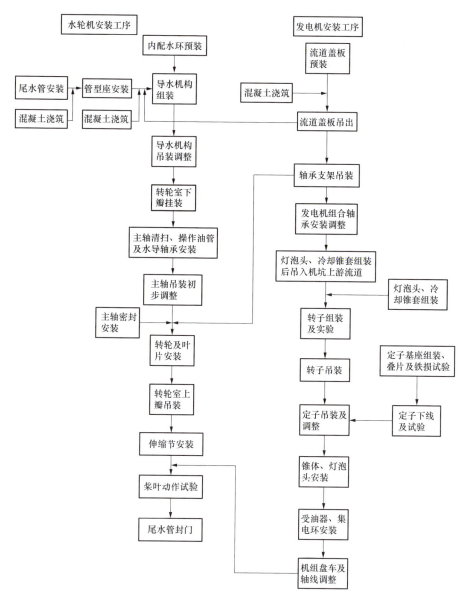

图 1-1　水轮机、发电机安装程序框图

二、大件安装顺序图

大件安装顺序图如图 1-2 所示。

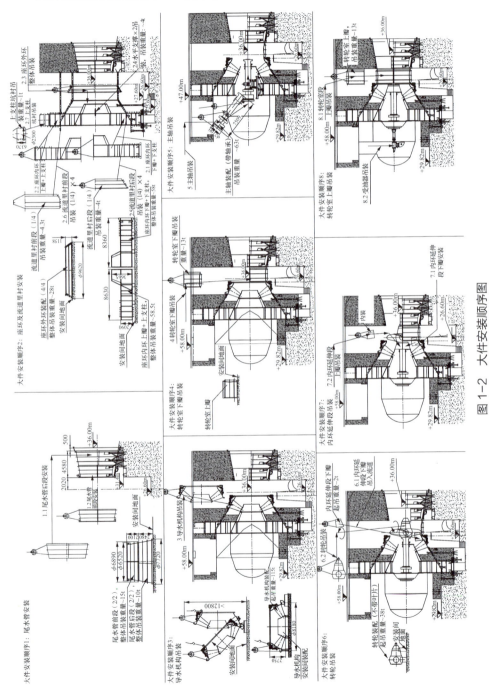

图 1-2 大件安装顺序图

三、水轮发电机组剖面图

水轮发电机组剖面图如图 1-3 所示。

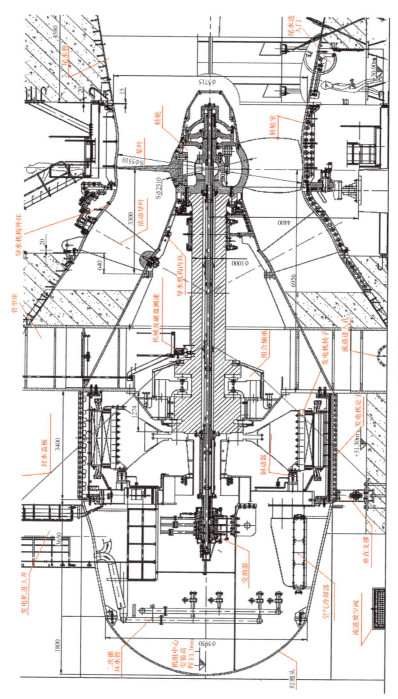

图 1-3　水轮发电机组剖面图

水轮机安装

第一节　管型座安装

一、管型座安装概述及安装顺序

管型座是灯泡贯流式机组的重要受力部件及安装基准件。作为整个灯泡贯流式机组的主支撑，将机组所承受的水推力、重力、水浮力、发电机不平衡磁拉力等荷载传递至混凝土基础，同时，管型座还作为进人孔和管路布置的通道。

桑河水轮机管型座主要由上支柱、下支柱、内环、外环前段、外环后段、水平支撑及导流板组成。内外环均采用分瓣结构，金属里衬延伸至发电机流道盖板下游端圆变方段，具有足够刚度，并设有足够的加强筋板、锚钩，在工厂内预装并在现场组装。

管型座安装程序主要包括基础处理、内环及上下支柱拼装焊接、水平支撑拼装焊接、外环（前段）、外环后段及上游流道里衬拼装焊接、管型座浇筑支撑安装及加固、管型座混凝土浇筑等工程项目。管型座在安装过程中，焊接工作量大，要注意控制焊接变形和焊接应力，在工地，焊接后须进行退火处理。管型座的安装、调整、焊接和混凝土浇筑均应严格按规定施工，必要时，在混凝土浇筑后，应对外环法兰面进行适当的修磨，以满足机组的安装质量。

管型座安装顺序如图 2-1 所示。

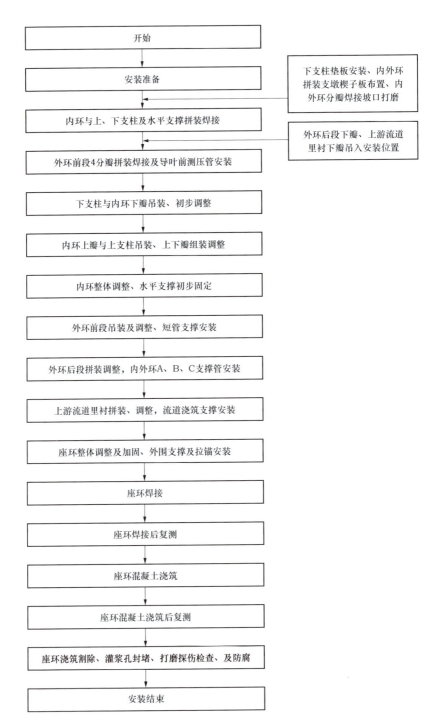

图 2-1 管型座安装顺序框图

二、基础处理及下支柱垫板安装

（1）吊装下支柱垫板（见图2-2）到机坑安装位置，以机组中心线和尾水管法兰面为基准位置，调整下支柱垫板安装位置满足内环下支柱安装要求：位置公差在 ±3mm 以内；海拔控制高程为 ▽+25.61m，允许公差 ±3mm。

（2）下支柱垫板调整完成后与混凝土钢筋及拉锚进行焊接，进行二期混凝土浇筑，浇筑过程中应监测其浇筑变形，使其允许公差符合设计要求（见图2-3）。

（3）下支柱垫板混凝土浇筑保养完成后，清洁下支柱垫板，对下支柱调整座安装位置防锈漆进行打磨到能见到金属色泽为止，进行管型座下支柱调整座及筋板安装调整，其位置要求满足管型座下支柱调整需要，调整好后对调整座进行点焊定位，8个调整座全部安装合格后再对其进行满焊加固（见图2-4、图2-5）。

图 2-2　管型座下支柱垫板

图 2-3　管型座下支柱垫板安装

图 2-4　下支柱调整座安装

图 2-5　下支柱调整座安装完成

三、内环拼接及吊装

（1）在安装间布置焊接支墩，在支墩上放置配套楔子板，调整各个支墩上楔子板高度，使其高差小于1mm，使用160T桥机将管型座内环及下支柱吊放于布置好的支墩上（见图2-6），调整组合缝距离，对下支柱及内环下瓣组合焊缝进行打磨，打磨面积为对接坡口两侧50mm，要求焊口打磨见金属光泽（见图2-7）。

图2-6　内环拼装支墩布置

图2-7　待拼装的内环下瓣与下支柱

（2）通过锁板和楔子板调整下支柱和内环下瓣焊缝错牙、水平支撑与内环的焊缝错牙（见图2-8、图2-9），错牙要求不大于2mm，调整合格后预紧锁板螺栓，对焊缝进行定位点焊（见图2-10、图2-11）。

图2-8　待拼接的管型座水平支撑

图2-9　待拼装的管型座下支柱

图 2-10　下支柱、内环下瓣和水平支撑拼装　　图 2-11　内环下瓣与下支柱焊缝预热

（3）在焊缝坡口两侧安放专用电加热板对待焊焊缝预热，温度要求达到100℃以上，温度达到要求后方可进行焊接，焊接时应采用退步对称焊接方法，在外围焊接完成后，再从内部对焊缝进行清根处理后，继续采用退步对称焊法进行焊接（见图 2-12、图 3-13）。

图 2-12　内环下瓣与下支柱焊接 1　　　　图 2-13　内环下瓣与下支柱焊接 2

（4）在下支柱与内环下瓣焊缝焊接完成后对焊缝进行打磨，打磨平滑后对焊缝进行 100%UT 和 100%MT 探伤检查，检查不合格采用气刨对缺陷处进行刨割及打磨处理后重新进行焊接，再次进行探伤检查（见图 2-14、图 2-15）。

（5）焊缝检查合格后对焊缝进行去应力退火：焊缝加热温度到 560~590℃，加热速度 60~70℃/h，保温 2~3h，降温速度不大于 80℃/h，加热区域应大于焊缝两侧 200mm 宽度，隔热体宽度应大于加热体宽度 2 倍，整个焊缝要求同时进行热处理；退火完成后应再次进行探伤检查，检查合格后方可转入下一工序（见

图 2–16）。

图 2-14　内环下瓣与下支柱焊接完成

图 2-15　内环与下支柱焊缝超声波检测

图 2-16　内环与下支柱焊缝退火中

图 2-17　内环上瓣与上支柱焊接后打磨

（6）采用 1~5 的拼装焊接方法对内环上瓣与上支柱进行焊接、退火及探伤检查（见图 2-17）。

（7）将外环后段下部 2 分瓣预先吊入机坑，放置在流道内并与侧墙及地基混凝土钢筋临时点焊固定；将上游流道里衬下半 2 分瓣吊入流道，使用槽钢作为临时支撑对流道里衬下部 2 分瓣临时固定，待外环安装时再进行安装（见图 2-18）；挂装内环下部导流板（见图 2-19）。

（8）清洁用于管型座安装的所有基础板，包括下支柱垫板，在下支柱垫板上适当位置摆放 8 对楔子板；分别在内环下支柱内侧合适地点放置 4 台 100t 千斤顶用内环的调整，分别在调整座螺孔上装上 M64 的调整定位螺栓，分别在下支柱与调整座之间放置 50t 千斤顶用于调整管型座位置（见图 2-20~ 图 2-21）。

图 2-18　下半部外环后段、里衬预吊入机坑

图 2-19　管型座下部导流板挂装

图 2-20　内环水平高程调整楔子板图

图 2-21　内环调整辅助用的千斤顶安放

（9）采用160t桥机将内环及下支柱整体吊装，落在下支柱垫板上，使下支柱端部螺孔对准下支柱垫板上的地角螺栓，暂时不松开桥机挂钩，临时扭紧地脚螺栓螺母对内环下瓣及下支柱固定（见图2-22~图2-25）。

（10）分别在廊道和尾水管基准位置架设权杖仪、水准仪进行调整观测，松开临时固定的地脚螺栓，利用千斤顶及螺栓，配合楔子板对内环下瓣进行调整，调整内环下游侧法兰面距尾水管法兰面距离到5320 mm（0~3mm），调整管型座内环下游法兰面 X、Y 线与尾水管 X、Y 线偏差不超过1mm，调整管型座内环分瓣面水平偏差不超过1mm，调整完后对内环下瓣进行把紧加固（见图2-26、图2-27）。

图 2-22　内环下瓣与下支柱整体吊装

图 2-23　内环下瓣及下支柱吊入安装位置

图 2-24　下支柱与基础板地脚螺栓对孔

图 2-25　管型座下支柱与基础板把合

图 2-26　安装控制基准点架设权杖仪观测

图 2-27　管型座法兰面设置的 X、Y 线

（11）采用 160t 桥机将管型座内环上瓣及上支柱吊放在完成初步调整的内环下分瓣上，利用楔子板、马字铁和千斤顶调整管型座上下分瓣面的错位，精确调

整内环上下瓣间错位达到设计要求，对称把紧内环上下瓣的把合螺栓，螺栓预紧力为 5200N·m（见图 2-28、图 2-29）。

图 2-28 内环上瓣与下瓣组装

图 2-29 内环上下瓣组合面螺栓把合

（12）检查内环上下瓣组合面应贴合紧密，合缝间隙用 0.05mm 塞尺检查不能通过，允许有局部间隙，用 0.10mm 塞尺检查深度不超过组合面宽度的 1/3，长度不超过分瓣面总长的 1/5，组合面螺栓及销钉周围不应有间隙（见图 2-29）。

（13）复测内环下游侧法兰面垂直平面度、圆度、高程、中心及位置，要求内环圆度偏差在 2mm 以内，中心偏差不超过 1mm，高程偏差为 ±1mm，否则应按之前方法重新调整，调整合格后将内环下支柱把合螺栓按设计要求预紧，同时将内环左右水平支撑与左右侧墙进行点焊加固，防止内环倾倒（见图 2-30、图 2-31）。

图 2-30 管型座内环调整

图 2-31 管型座水平支撑临时固定

四、外环及外环后段拼接安装调整

（1）在安装场放置支墩和楔子板，吊装外环4个分瓣到组装位置，将管型座4个分瓣组合面、过流面水密封焊坡口及上游侧环坡口打磨干净，将外环4个分瓣组圆，调整每瓣之间的错牙，组合面应贴合严密、无错牙，预紧把合螺栓，预紧力矩为4000N·m（见图2-32、图2-33）。

图2-32　管型座外环前段拼接组圆　　　　图2-33　管型座外环分瓣组合缝调整

（2）外环拼接完成后按焊接工艺要求对外环分瓣面封水焊进行焊接，对焊缝进行探伤检查。封水焊焊合格后翻转管型座摆放位置，对上游侧对接坡口进行打磨清洁处理（见图2-34，图2-35）。

图2-34　外环分瓣组合缝封水焊　　　　　图2-35　外环上游法兰坡口清洁打磨

（3）按照东电厂管型座预装时所做标记安装管型座内外环之间的A、B、C、

D 支撑管，根据图纸安装水轮机导叶前测压管路及流量测量管路，混凝土浇筑之前进行压力试验及通流试验，试验合格后方可进行混凝土浇筑（见图 2-36、图 2-37）。

图 2-36　内外环之间支撑管安装

图 2-37　外环导叶前测压管路安装

（4）整体吊装外环到机坑，临时把合外环 A、B、C 支撑管和内环，将管型座外环临时固定在机坑安装位置，吊装短管支撑到机坑并与下游尾水管侧混凝土墙上支撑基础进行焊接，将短管支撑的另一端与管型座外环下游法兰面把合，临时把紧螺栓（见图 2-38~ 图 2-40）。

图 2-38　外环（前段）整体吊装

图 2-39　外环（前段）吊装就位

（5）利用管型座内外环之间的 A、B、C 支撑管和短管支撑对管型座外环进行调整，使管型座内外环下游法兰面间距为（640±0.5）mm，管型座内外环下游法兰面垂直平面度在 1mm 以内；调整外环中心与尾水管中心偏差不超过 ±1mm，调整管型座外水平高程差与尾水管高程差不超过 ±1mm（见图2-41）。

图2-40　外环短支撑管安装　　　　　　图2-41　内外环套装初步调整

（6）使用导链配合160t桥机电动葫芦将外环后段下半2分瓣吊起，与外环进行拼装，通过锁板与外环进行临时把合固定，在外环后段下部安装焊接下部支撑，对外环后段下半部进行加固（见图2-42、图2-43）。

图2-42　外环后段下分瓣拼装　　　　　　图2-43　外环后段下部临时支撑

（7）清洁外环后段上部两瓣的焊缝坡口，对防锈漆进行打磨处理，使焊缝坡口能够见到金属光泽，分别吊装管型座后段上半2分瓣到机坑，通过锁板与管型座进行临时把合（见图2-44、图2-45）。

（8）调整外环后段与外环、水平支撑及导流板的相对位置，利用千斤顶、楔子板和马字铁调整外环后段与外环的错压和间隙，其间隙最大不超过4mm，流道侧错压不超过2mm；调整合格后对焊缝进行点焊定位（见图2-46、图2-47）。

图 2-44　外环后段上分瓣焊缝坡口打磨清洁

图 2-45　拼装完成的外环及外环后段

图 2-46　外环与外环后段拼接

图 2-47　外环与外环后段拼装完成

（9）利用内外环之间的支撑管 A 和支撑管 C 来调整外环的圆度，使其直径偏差在 1.5mm 以内（见图 2-46）。

（10）复测内环下游侧法兰面中心、高程、到水轮机中心线距离及其垂直平面度等各项参数符合设计要求，若有变化则需要松开下支柱临时加固，重新对管型座内环进行调整直到各参数合格，再对下支柱加固（见图 2-47）。

五、上游流道里衬拼装、加固及焊接

（1）安装上游流道里衬下部支撑，利用 160t 桥机电动葫芦配合导链吊起先前吊入流道里的上游流道里衬下半 2 分瓣，通过锁板与外环后段进行组装，临时把紧锁板螺栓，通过拉锚与侧墙混凝土钢筋进行临时加固（见图 2-48、图 2-49）。

图 2-48 外环后段下瓣安装

图 2-49 上游流道里衬下瓣支撑

（2）分别清洁上游流道里衬上半 2 分瓣的焊缝坡口，将坡口防锈漆打磨至能见到金属光泽，分别吊装上半 2 分瓣上游流道里衬与先前下半 2 分瓣进行组装，通过锁板、拉紧器与外环后段进行临时固定，通过拉锚与侧墙混凝土钢筋进行临时加固（见图 2-50、图 2-51）。

图 2-50 流道里衬焊接坡口打磨清洁

图 2-51 外环后段与流道里衬组合缝拼接

（3）分别调整上游流道里衬与外环后段和上下立柱的相对位置，利用千斤顶、楔子板和马字铁调整外环后段与上游流道里衬的错压和间隙，其间隙最大不超过 4mm，流道侧错压不超过 2mm；调整合格后对焊缝进行点焊定位（见图 2-52、图 2-53）。

（4）根据上游流道里衬实际尺寸，在上游流道里衬上游侧端面做 +X、+Y、－X、－Y 标记，调整上游流道里衬中心高程，以管型座外环中心为基准调整，控制上游流道里衬端部偏差在 4mm 以内（见图 2-54、图 2-55）。

图 2-52　流道里衬上半部分瓣吊装

图 2-53　外环、外环后段及流道里衬拼装

图 2-54　外环外围拉锚焊接

图 2-55　上游流道里衬加固

（5）进行外环和上游流道里衬的焊接，焊接前检查管型座内环、外环法兰面垂直平面度，两法兰面间距离，以内环为基准检查外环高程、中心，合格后方可进行焊接（见图 2-56、图 2-57）。

图 2-56　外环前段与外环后段环缝焊接

图 2-57　外环后段与上游流道里衬环缝焊接

（6）检查外环各待焊焊缝，清扫打磨表面油污、锈蚀；依次进行内环分瓣面间焊缝、上下导流板与管型座间焊缝、外环分瓣面间的焊缝、外环与外环后段间环缝、外环后段与水平支撑间的焊缝、上游流道里衬分瓣间焊缝、上游流道里衬与管型座外环后段间的环缝、上游流道里衬与管型座上下支柱间焊缝；焊接过程中应架设百分表、经纬仪监测管型座各项参数，出现较大变化时应及时调整焊接速度和顺序（见图2-58、图2-59）。

图2-58 外环和外环后段焊缝

图2-59 管型座焊接完成

（7）管型座焊接完成后对管型座内、外各个参数进行复测检查，不合格应重新调整至符合要求，把紧管型座下支柱M64地脚螺栓，并对支撑管型座的楔子板进行点焊，此过程应监测管型座各参数无变化，若无变化则点焊地脚螺栓，否则应重新调整后再进行点焊（见图2-60、图2-61）。

图2-60 管型座下部地脚螺栓点焊固定

图2-61 水平支撑焊接固定位置

（8）焊接水平支撑与管型座水平支撑板间的焊缝，必须左右两侧对称焊接，减少焊接产生的位移，焊接过程中应监测管型座各参数应无变化。

（9）安装管型座长管支撑，安装时也应监测管型座各参数应无变化；在管型座内外环之间焊接槽钢对管型座进行加固，安装外部拉锚及拉紧器，外部拉锚采用搭接焊，必须在管型座左右两侧对称焊接，焊接过程中用百分表进行监视，确保管型座各参数不应有变化（见图2-62、图2-63）。

图2-62　长管支撑安装

图2-63　外围拉锚安装及加固

（10）根据设计要求安装上游流道里衬浇筑支撑，安装过程中监测管型座各参数应无变化（见图2-64、图2-65）。

（11）对管型座相关测压管、排水管进行压力试验和通流试验，按设计要求进行管型座二期混凝土浇筑。

图2-64　外环下部支撑及加固槽钢

图2-65　内外环之间槽钢加固

（12）二期混凝土浇筑保养完成后，割去流道里的各加固支撑，对割除部位进行打磨处理，再进行探伤检查，合格后涂刷防腐漆。

第二节　导水机构安装

一、概述及安装顺序

导水机构的主要作用是根据电力系统负荷的变化，调节水轮机流量，以适应系统对机组出力的要求，形成和改变进入转轮的水流量，以满足水轮机对进入转轮前水流量的要求，在转轮停止工作时必须关闭导叶截断水流。

桑河电站导水机构主要由导叶内环、导叶外环、导叶、套筒、控制环、导叶臂、连杆等组成。外环及内环的过流球面均布有 16 个导叶轴孔，导叶轴孔中心线过球面圆心，共设有 16 个活动导叶，为非整体式扇形结构。外部操动机构共设有 8 个硬连杆与 8 个弹簧安全连杆间隔布置，其工作原理：当导叶被小物体卡住时，弹簧安全连杆动作，操作导叶打开将小物体冲至下游，从而起到保护作用；当导叶被大物体卡住时，弹簧安全连杆经多次动作，大物体仍不能被冲走，此时若遇紧急停机，则连杆在弹簧的作用下发生变形但不折断，导叶仍被连杆拉住，避免导叶摆动，同时也保护了弹簧安全连杆。整个操动机构由接力器控制开启，由接力器和重锤控制关闭，接力器与控制环和底座均用自润滑关节轴承连接，这样既可以使接力器适应控制环的转动，同时避免活塞杆承受径向力损伤；为防止机组飞逸，在控制环右侧设有关闭重锤，当调速器失压时，可依靠重锤形成的关闭力矩，加上导叶水力矩有自关趋势，能可靠关闭导叶。

导水机构安装程序主要包括导叶内环预装→导叶外环组装→套筒安装→导叶挂装→导叶下端轴安装→控制环安装→连杆安装→导水机构安装→接力器安装等工程项目。

导水机构安装顺序如图 2-66 所示。

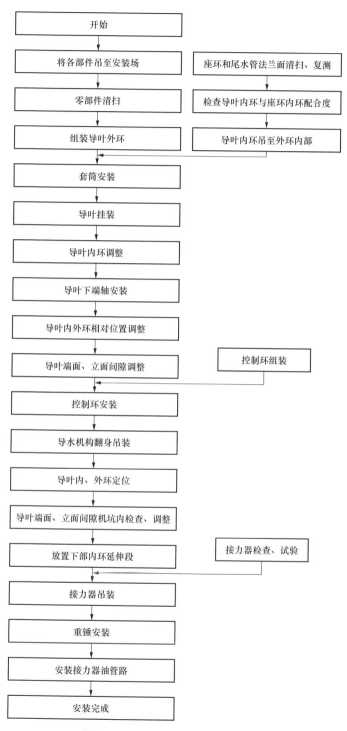

图 2-66 导水机构安装顺序框图

二、导叶外环组装

（1）将导叶外环吊至安装场，对外轴孔及螺栓孔、下游法兰面及钢球槽进行铁锈、毛刺，污渍、防锈油漆等清洁（见图2-67~图2-70）。以清洁部位无异物、毛刺、可见金属光泽为宜。对组合面及密封槽进行清洗。

图 2-67　导叶外环轴孔螺栓孔清洁

图 2-68　导叶外环轴孔清洁

图 2-69　导叶外环钢球槽与密封槽清洁

图 2-70　导叶外环下游法兰面清洁

（2）用刀口尺对导叶外环组合面进行平面度检查（见图2-71）。在检查过程中用记号笔对有明显高点的部位做好标记，并进行打磨（见图2-72）。

图 2-71　导叶外环组合面平面度检查

图 2-72　导叶外环组合面检查后高点打磨

（3）清洁套筒上的防锈油漆，将压盖和导叶 V 形组合密封圈取下，入库保存，以防受到损害（见图2-73、图2-74）。

图 2-73　套筒清洁

图 2-74　套筒清洁后

（4）用专用工具将调节螺套旋进套筒螺栓孔（见图 2-75），检查丝牙配合情况，要求与螺栓孔上表面平齐为宜（见图 2-76）。

图 2-75　用专用工具安装调节螺套

图 2-76　调节螺套安装后

（5）导叶上端轴关节轴承在出厂前已组装完成，作为整体运到现场。清洁导叶上端轴关节轴承，并将其安装到套筒内，用临时压环通过螺栓把合压紧（见图 2-77）。

图 2-77　关节轴承安装后

（6）根据图纸要求在导叶上端轴关节轴承与套筒组合的下端空隙内注满防水油脂。

（7）根据出厂标记，利用桥机将套筒吊装至相应的轴孔处。用抹布擦拭清扫套筒和外轴孔，安装套筒 O 形密封圈（见图 2-78），并涂抹润滑剂（凡士林）润滑（见图 2-79）。用铜棒将套筒敲入外轴孔内（见图 2-80），安装调整螺栓，垫圈和把紧螺栓，调整套筒的轴向位置（见图 2-81）。

图 2-78　安装套筒"O"形密封圈

图 2-79　套筒涂抹凡士林润滑

图 2-80　套筒安装进外轴孔

图 2-81　套筒安装后

（8）安装轴用回转方型圈。

（9）在安装间导水机构工位预埋垫板上放置 8 个导叶外环支墩（6 个专用支墩，在组合面底部有 2 个千斤顶），并将支墩底部与垫板点焊固定，并在每个墩上放置成对的楔子板（见图 2-82），用水准仪作为测量工具，调整楔子板至同一高程，每对楔子板上表面垫 1mm 铜皮。

（10）用抹布清扫导叶外环组合面和密封槽。

（11）将两瓣导叶外环分别吊运至支墩上，下游法兰面（出水面）向上。安装 φ12 橡胶密封圆条，密封条的长度至少应超过密封槽 10mm（见图 2-83）。

（12）在组合面均匀涂抹平面密封胶（见图 2-84），在密封胶凝固前完成外环组装工作（见图 2-85）。将螺栓预紧，通过现场自制临时工具调整错牙，错牙不超过 1mm，借助水准仪调整水平度（见图 2-86），水平度不超过 0.05mm/m，然后穿入销钉螺栓。

图 2-82　外环支墩点焊及放置成对楔子板

图 2-83　密封条长度超过密封槽

图 2-84　在组合面涂抹密封胶

图 2-85　导水机构外环组装

图 2-86　测量调整导叶外环水平度

（13）调整偏心销套，安装相应的螺栓并预紧（安装螺栓时要涂抹螺栓紧固剂 TS1243），M48 螺栓预紧力矩 5000N·m，M56 螺栓预紧力矩 7000N·m。

（14）检查组合面间隙。要求间隙不大于 0.1mm，深度不超过组合面深度的 1/3，分瓣面错牙不超过 0.10mm。

三、导叶内环预装

（1）清洁上游法兰面、密封槽及销孔的防锈油漆等异物，必须全部清理干净，并进行攻丝（见图 2-87、图 2-88）。

（2）用刀口尺检查导叶内环上游法兰面水平度（见图 2-89），对有明显高点的地方做好标记，并用角磨机打磨（见图 2-90），最终整个法兰面应无铁锈、高点、毛刺。清洁打磨内轴孔，应无高点、毛刺、油漆等（见图 2-91）。将内轴孔内侧打磨出一个倒角，以防安装下端轴钢盖时损坏密封。

图 2-87　导叶内环吊至安装场

图 2-88　清洁内环上游法兰面螺栓孔

图 2-89　用刀口尺检查内环上游法兰面水平度

图 2-90　对内环上游法兰面高点进行打磨

图 2-91　清洁内环导叶间隙密封带

（3）清洁管型座和尾水管法兰面和螺孔。清扫、检查管形座内环法兰面及其平面度，法兰面应无高点、毛刺，螺孔经攻丝检查合格、无异物；清洗导叶内环与座环内环把合螺栓。

（4）复测管型座与尾水管的轴线，测量 X、Y 方向 4 个点，管型座与尾水管

的轴线偏差不大于 ±1.0mm。

（5）吊装导叶内环到机坑，通过 X、Y 标记线与座环内环连接。调整导叶内环位置，与管型座内环的同轴度不大于 0.5mm（合格值），尽可能控制其不大于 0.4mm（优良值）。

（6）检查导叶内环与座环内环组合面螺栓孔配合情况，满足要求的位置安装螺栓并拧紧，如需扩孔则将需扩孔的位置及扩孔量做好标记（待导叶内环吊开后扩孔）。

（7）标记导叶内环与座环内环的相对位置，以便正式安装时快速找准位置。

（8）拆除导叶内环。

四、导叶挂装

（1）将导叶吊至安装场，对上端轴轴颈和下端轴螺栓孔等部位进行清洁、清除防锈油漆，最终应无异物、高点、毛刺等（见图 2-92、图 2-93）。

图 2-92　导叶上端轴轴颈清洁

图 2-93　下端轴螺栓孔清洁后

（2）导叶挂装一半时，将导叶内环吊入外环内（可以在导叶挂装前进行，也可以在导叶挂装一半时进行），上游面朝下，以不影响导叶吊装为宜（见图 2-94）。

图 2-94　导叶内环吊至外环内

（3）外环导叶间隙密封带清洁除铁锈、污渍、高点等（见图2-95）。清洁导叶轴颈、V型组合密封圈、压盖、套筒关节轴承内表面、密封槽（见图2-96）。依次将压盖和V型组合密封圈套装在导叶轴颈上。

图2-95　外环导叶间隙密封带清洁　　　图2-96　清洁密封槽、方形密封和轴承

（4）在回转方形密封表面及V形组合密封圈安装槽内涂抹凡士林润滑（见图2-97）。根据导叶编号利用导叶吊装专用工具吊装导叶至相应的套筒处，在导叶轴颈涂抹润滑油脂（见图2-98）。

图2-97　方形密封及组合密封槽涂抹凡士林　　图2-98　导叶轴颈涂抹润滑油脂

（5）通过手拉葫芦调整导叶与套筒同心度，通过人力将导叶上轴颈推入套筒内（见图2-99），再利用专用工具配合千斤顶从外侧将导叶拉出（见图2-100）。当导叶上端轴根部与外环内表面相差1~2个V形组合密封压盖厚度（即2~5cm）的距离时，将V形组合密封及密封压盖安装到位（可用铜棒敲击），预紧螺栓（见图2-101）。继续将导叶拉出至卡环槽刚好全部露出关节轴承，将卡环安装在卡环槽内（见图2-102、图2-103），并通过螺栓与关节轴承连接固定（见图2-104），移除导叶安装工具，继续把紧。

图 2-99 上端轴装入套筒

图 2-100 利用专用工具及千斤顶将导叶拉出

图 2-101 V 形组合密封压盖螺栓预紧

图 2-102 安装卡环

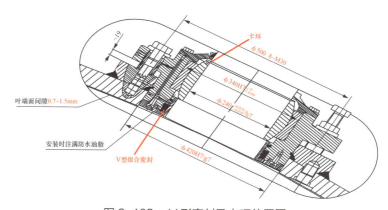

图 2-103 V 形密封及卡环位置图

图 2-104 安装工具取出后把紧卡环连接螺栓

（6）利用桥机将导叶内环吊起一定高度，在导水机构内环工位预埋垫板上放置4个专用支墩，并进行支撑底部与垫板点焊固定。在每个墩上放置成对的楔子板，用水准仪作为测量工具，调整楔子板至同一高程，每对楔子板上表面垫1mm铜皮，将导叶内环放至楔子板上。

（7）先将防尘圈安装在轴承压盖的安装槽内，再将轴承压盖安装在轴承上，并预紧轴承压盖螺栓（见图2-105、图2-106）。

（8）待所有导叶挂装完成后，通过调整螺栓调整导叶外环和导叶的端面间隙，上端轴与导叶外环的端面间隙基本为零（见图2-107、图2-108）。

图2-105　防尘圈和轴承压盖

图2-106　安装防尘圈和轴承压盖

图2-107　导叶外环水平测量

图2-108　导叶外环水平度调整

（9）调整内环支墩上的楔子板，使导叶内外环上游法兰面的高度差为640mm±0.5mm。通过借助挂线的方式调整内外环相对位置，使内外环的X、Y轴线对齐，内外环同轴度不大于±1.0mm。借助水准仪调整法兰水平不超过0.05mm/m，测量内外环的相对位置。

五、导叶下端轴及拐臂安装

（1）清洁导叶下端轴、螺栓、螺母、下轴套、导叶下端轴安装螺栓孔等（见图2-109、图2-110）。

（2）将下端轴螺栓先与导叶连接把合。在下端轴方形圈槽内安装孔用方形圈，在下端轴密封槽与导叶接触面上涂抹润滑脂。根据编号安装下端轴（见图 2-111），并安装相应的螺母，拉伸下端轴螺栓（见图 2-112），伸长值 0.5mm，做好验收数据记录。

图 2-109　下轴套清洁

图 2-110　下轴套清洁后

图 2-111　导叶下端轴安装

图 2-112　导叶下端轴螺栓拉伸

（3）在导叶下端轴密封槽内安装 O 形密封圈（见图 2-113），并在该面上涂抹润滑脂。根据图纸要求在相应位置注满防水油脂（见图 2-114）。在导叶上安装吊装工具，通过手拉葫芦调整下端轴和导叶内环轴套孔的相对位置，使间隙均匀（见图 2-115）。检查导叶内环轴套孔内侧是否已经打磨出倒角（见图 2-116），以防安装时损坏下轴套密封，根据编号安装导叶下轴套。

图 2-113　安装导叶下轴套 O 形密封圈

图 2-114　导叶下轴套注满防水油脂

图 2-115　导叶下端轴调均匀

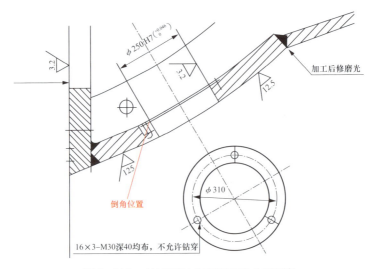

图 2-116　检查导叶内环轴套孔内侧倒角

（4）安装下轴套调整螺栓，调整下轴套的位置，使其端面低于导叶内环球面。预紧把合螺栓，安装铅垫圈和螺塞。

（5）清洁导叶拐臂、销子、端盖、螺栓等（见图 2-117~图 2-119），在导叶轴颈涂抹凡士林润滑（见图 2-120）。根据导叶拐臂出厂编号，利用桥机将导叶拐臂吊至对应的导叶位置。通过葫芦配合调整导叶拐臂角度，使其销孔与导叶轴颈销孔对齐（见图 2-121）。然后用铜棒将导叶拐臂敲击到位（见图 2-122），把销子安装进销孔（见图 2-123、图 2-124）。安装端盖（见图 2-125），把紧端盖螺栓（见图 2-126）。

（6）通过手拉葫芦将导叶全关（到达厂家制造全关线）（见图 2-127），并用葫芦使导叶保持在全关位置（见图 2-128）。

图 2-117　导叶拐臂清洁

图 2-118　导叶拐臂螺栓孔清洁

图 2-119　导叶拐臂端盖清洁

图 2-120　导叶轴颈涂抹凡士林

图 2-121　导叶拐臂安装调整

图 2-122　用铜棒将导叶拐臂敲击到位

图 2-123　安装导叶拐臂销子

图 2-124　安装导叶拐臂

图 2-125　导叶拐臂端盖安装

图 2-126　导叶拐臂端盖螺栓把紧

图 2-127　用手拉葫芦关闭导叶

图 2-128　用手拉葫芦将导叶固定在全关位

六、导叶端、立面间隙调整

（1）端、立面间隙调整时，应按照先调整端面间隙，再调整立面间隙的原则进行调整。通过调节螺栓调整导叶外环的端面间隙，外环端面间隙要求在0.7~1.5mm，检查套筒端面应低于导叶外环球面，内环端面间隙要求在 2.0~2.8mm；立面间隙要求 0.05mm 塞尺不通过，最大间隙不超过 0.20mm，且 0.05~0.20mm 的间隙总长不超过导叶长度的 1/4。

（2）将导叶全关后，对端面间隙进行初步测量，为间隙调整提供依据。

（3）在导叶上架一支百分表，指针垂直指向外环间隙密封带。以"外环端面间隙为基准，兼顾内环端面间隙"的方法调整，使内、外环端面间隙满足要求，或者最大限度地接近要求范围（见图 2-129）。

图 2-129　测量百分表架设

（4）如果外环端面间隙过小，应先取出套筒的所有把紧螺栓，松开顶紧螺栓（见图2-131）。根据需要适当将螺套外旋松开（见图2-132），然后用两个把紧螺栓对称的把紧，使套筒及导叶向内移，达到增大外环端面间隙的效果。由于在端面间隙调整时，用顶紧螺栓将导叶向外拉容易控制（见图2-133），而用把紧螺栓向内压不容控制。所以调整外环端面间隙由小变大时（见图2-134），在将导叶及套筒向内压的过程中，尽量将间隙适当加大（向内环侧多移动一点）。取下把紧螺栓，根据目前间隙情况，再用顶紧螺栓将导叶及套筒拉出。间隙达到要求时，将螺套内旋把紧（见图2-135），然后将把紧螺栓把紧到位后（见图2-136），再用塞尺进行检查。

图2-130　取出套筒所有把紧螺栓

图2-131　松开顶紧螺栓

图2-132　螺套旋出

图2-133　用顶紧螺栓将导叶拉出

图2-134　外环端面间隙测量

图2-135　螺套内旋把紧

图 2-136　把紧螺栓把紧

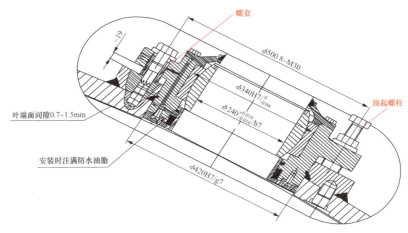

图 2-137　螺套、顶起螺栓位置

（5）如果外环端面间隙过大，应先取出套筒所有把紧螺栓，再用顶紧螺栓将导叶及套筒拉出。间隙达到要求时，将螺套内旋把紧，然后将把紧螺栓把紧到位后，再用塞尺进行检查。

（6）对部分导叶外环端面间隙符合要求，而内环端面间隙过小的情况（见图 2-138），做好标记，并对内环间隙密封带进行打磨（见图 2-139）。

（7）在调整后，仍然没有达到要求时，应用第 4、5 条的方法继续调整，直至合格或者最大限度地接近要求为止。

（8）通过控制导叶全关的手拉葫芦，将导叶压紧，用塞尺检查立面间隙（见图 2-140）。对间隙大于 0.20mm 或者 0.05~0.20mm 的间隙总长超过导叶长度的 1/4 的导叶进行打磨（见图 2-141），直至符合要求。

图 2-138　内环端面间隙测量

图 2-139　内环间隙密封带打磨

图 2-140　测量导叶立面间隙

图 2-141　导叶立面间隙调整打磨

七、控制环安装

（1）清扫、检查控制环各部件（见图 2-142、图 2-143）。

图 2-142　控制环内侧面清洁

图 2-143　控制环组合面清洁

（2）清洁控制环钢球槽面及压环安装面（见图 2-144），清洗压环安装螺栓孔（见图 2-145）。检查控制环钢球槽是否光滑水平，对运输过程中出现过碰撞损坏的地方必须进行补焊（见图 2-146），对有高点的地方须打磨平整（见图 2-147）。

图 2-144　控制环钢球槽面及压环安装面清洁

图 2-145　压环安装螺栓孔清洁

图 2-146　控制环钢球槽面补焊

图 2-147　控制环钢球槽面补焊后打磨

（3）对控制环进行组圆（见图 2-148），然后进行翻身（见图 2-149），并借助千斤顶和自制错牙调整工具（见图 2-150）调整钢球槽面及控制环内侧面错牙（见图 2-151），最终利用塞尺和刀口尺检查错牙（见图 2-152），0.10mm 塞尺不能通过。错牙符合要求后，将控制环把合螺栓把紧（见图 2-153）。

（4）利用刀口尺检查导叶外环钢球槽平面度（见图 2-154），对有明显高点地方，必须进行打磨。在导叶外环相应面上安装 $\phi 8$ 橡胶密封圈，在导叶外环筋板上均匀布置 8 个千斤顶。

图 2-148　控制环组圆

图 2-149　控制环组圆后翻身

图2-150　控制环内侧面错牙自制调整工具

图2-151　控制环错牙调整

图2-152　控制环错牙测量

图2-153　把紧控制环把合螺栓

图2-154　用刀口尺检查导叶外环钢球槽

（5）吊装控制环在千斤顶上，调整控制环到全关位置（见图2-155）。调整控制环与导叶外环之间的间隙，用塞尺测量均匀分布8个点的间隙，使间隙均匀，且每个点的间隙不小于1.0mm（见图2-156）。

（6）清洁钢球，在钢球槽内注满润滑脂，安装钢球（见图2-157），使钢球能灵活滚动。

（7）用刀口尺检查压环与钢球接触面的平面度（见图2-158），对明显高点进行打磨（见图2-159）。

（8）依次将压环分瓣吊装至控制环上（见图2-160），先预紧压环的组合螺栓，然后通过手锤敲击压环的方式，保证压环与控制环贴紧，再预紧压环与控制环之间的把合螺栓（见图 2-161）。

图 2-155　吊装控制环

图 2-156　调整控制环间隙

图 2-157　钢球安装

图 2-158　用刀口尺检查压环平面度

图 2-159　压环平面度检查后高点打磨

图 2-160　吊装压环

图 2-161　把紧压环把合螺栓

（9）放置 16 块百分表在压环上。旋转顶紧螺栓，使压环均匀顶起 0.1mm，满足要求后预紧螺栓，做好验收数据记录。

（10）松开控制环支撑千斤顶，旋转控制环，控制环应灵活转动，否则应重新调整压环的顶起量。

八、连杆安装

（1）调整导叶处于全关位置。在拐臂的下侧安装吊环，通过手拉葫芦将导叶固定在全关位。检查控制环在全关位，并焊接固定板将控制环与导叶外环固定（见图 2-162）。

图 2-162　控制环固定板

（2）用卷尺测量控制环到拐臂（安装连杆的位置）的距离是否在 920mm ± 20mm 范围内。

（3）根据安全连杆编号，利用厂内桥机将安全连杆（见图 2-163）吊装至相对应的安装位置。转动安全连杆（见图 2-163)自润滑向心关节轴承（见图 2-164），安全连杆直销和偏心销对准安装位置（见图 2-165、图 2-166）。利用铜棒将安全连杆安装到位，把紧相应的螺栓。安全连杆安装完成以后，按照相同方法安装硬连杆（见图 2-167、图 2-168）。

（4）调整安全连杆和硬连杆限位铜螺栓，与导叶拐臂间隙为 2mm。进一步精细的调整导叶端立面间隙（见图 2-169）。导叶端面间隙的调整方法与第六节的完全一样，但需要在安全连杆弹簧支座下垫一方木（见图 2-170），防止安全连杆因振动而发生过渡偏转。通过连杆检查调整导叶立面间隙（见图 2-171），局部间隙不超过 0.2mm，长度不超过导叶长度的 1/4，测量连杆的长度，做好相关验收数据记录。立面间隙调整合格以后，焊接连杆偏心销螺母锁板（见图 2-172）。

图 2-163　安全连杆

图 2-164　安装安全连杆

图 2-165　安全连杆直销和偏心销对孔

图 2-166　连杆直销和偏心销安装

图 2-167　硬连杆

图 2-168　安装硬连杆

图 2-169　调整导叶立面间隙

图 2-170　调整端面间隙时垫方木

图 2-171 安全连杆调整导叶立面间隙

图 2-172 焊接连杆偏心销螺母锁板

（5）旋转控制环到导叶全开位置，检查导叶开度（开档）。

（6）旋转控制环到全关位置，安装导叶之间的锁定板（见图 2-173），以防吊装时导叶发生相对移动，焊接导叶外环组合螺栓挡块（见图 2-174）。

图 2-173 导叶锁定板

图 2-174 导叶外环组合螺栓挡块焊接

九、导水机构吊装

（1）导水机构吊入机坑前在安装场完成翻身支架（见图 2-175）和翻身楔的安装（见图 2-176），在导水机构外环焊接钢管（用于吊入机坑后平台搭设和人

图 2-175 导水机构翻身支架安装

图 2-176 导水机构翻身楔安装

员站立），并在内外环之间焊接加固钢管（见图 2-177）。

（2）清洁座环下游法兰面和螺孔（见图 2-178），清洁导水机构法兰面和螺孔。

图 2-177　内外环之间加固钢管焊接　　　图 2-178　清洁座环下游法兰面和螺孔

（3）在安装间利用桥机将导水机构整体吊起一定高度，拆除内外环所有支墩。在外环和翻身楔下方垫入高约 640mm 的木方，将导水机构放在木方上。对导水机构进行整体清洁。检查管型座下游法兰面平面度，同时对管型座下游法兰面及墙面进行清洁（见图 2-179、图 2-180）。

（4）用桥机进行导水机构翻身。利用钢丝绳将导水机构 +Y 方向和桥机吊钩连接，将导水机构 +Y 方向起吊一定高度，再次清洁内外环法兰面和检查平面度，然后安装 ϕ12 橡胶密封条（-Y 方向因翻身楔挡住，需要拆除翻身楔后再安装），并用透明胶带将其暂时固定（见图 2-181、图 2-182）。

图 2-179　检查导叶外环法兰面平面度　　　图 2-180　检查导叶内环法兰面平面度

（5）桥机继续起升，使导水机构法兰面垂直（见图 2-183），松开翻身楔把紧螺栓，并移动翻身楔，继续完成橡胶密封条安装。

图 2-181　安装导叶外环法兰面密封条

图 2-182　安装导叶内环法兰面密封条

图 2-183　导水机构翻身

（6）吊装导水机构入机坑。根据导叶内环预装的标记调整导叶内环与座环内环的相对位置（坐标轴线偏差在 0.10mm 以内）（见图 2-184、图 2-185），用导叶外环调整螺栓调整导叶外环位置及圆度。粘贴透明胶带于管型座外环和导水机构外环之间（对间隙进行保护，防止异物进入管型座外环和导叶外环之间的间隙，见图 2-187）。复测导叶的端面间隙应满足要求，安装螺栓、偏心销套和销子，并用力矩扳手把紧螺栓（见图 2-188），管型座内环与导水机构内环的把紧螺栓预紧力矩为 6000N·m，管型座外环与导水机构外环的把紧螺栓预紧力矩为 5000 N·m。螺栓把紧后，检查组合面间隙（0.05mm 塞尺不通过）满足要求（见图 2-189）。

（7）对导水机构与座环把合面（内外环均做）做密封水压渗漏试验，（见图 2-190、图 2-191）试验压力 0.4MPa，保压 10min 无渗漏。打压试验合格后，拆除打压工具，安装打压孔的螺塞。

图 2-184 导叶内环 Y 向调整

图 2-185 座环内环与导叶内环 -X 轴线对齐

图 2-186 外环调整螺栓

图 2-187 检查管型座外环和导叶外环间隙

图 2-188 液压力矩扳手把紧螺栓

图 2-189 检查管型座内环与导叶内环间隙

图 2-190 导叶内环打压

图 2-191 导叶外环打压

（8）复查导叶端面、立面间隙，如果需要，应尽量通过调整螺栓对间隙进行调整，或者在厂家指导下进行密封面打磨，直至导叶端面、立面间隙满足要求。

（9）根据导叶外环厂内钻好的 $\phi20$ 底孔，攻钻导叶外环与座环外环的 $\phi30$ 销孔，并根据图纸安装相应的销子（需根据现场实际情况进行优化，可能存在导叶拐臂遮挡销孔现象，需现场重新钻孔）（见图2-192）。

图2-192　导叶外环与座环外环销子安装后

（10）检查座环和导叶内、外环之间过流面，过流面错牙不超过1mm，否则，应进行打磨处理。

十、接力器安装

（1）安装场内对接力器油缸内的油质进行检查（如果油质不满足要求，则在厂家的指导下对接力器进行解体）。

（2）清扫接力器，并进行接力器动作试验（见图2-193），要求活塞动作平稳并测量接力器的行程1305mm，两油缸行程偏差不大于1mm，做好试验记录。

（3）进行接力器压力试验，试验压力为设计工作压力6MPa，保压30min，无渗漏。活塞渗油量不超过80mL/min，做好试验记录。

（4）按厂家要求调整接力器的压紧行程，使接力器活塞杆处于全关位置，调整接力器叉头（见图2-194）与活塞杆连接处丝牙（露出3丝，保证压紧行程值为6~8mm），并测量全开全关位置时接力器活塞杆伸长值。将已调整好的接力器活塞杆进行包裹，防止灰尘等异物粘贴到活塞杆表面，进入缸体内，划伤缸体及活塞，造成内泄。

图 2-193　接力器动作实验

图 2-194　叉头调整后

（5）在安装场，根据图纸要求安装接力器基础 M64 地脚螺栓、螺母、垫圈和基础板（见图 2-195），并把紧螺栓。按图纸要求（5000N·m）均匀预紧基础螺栓（见图 2-196）。

图 2-195　安装基础板

图 2-196　安装基础螺栓

（6）吊装接力器到机坑（见图 2-197），将叉头和控制环连接，安装相应的轴销、螺栓等附件。调整接力器的位置和垂直度，垂直度应该小于 0.02mm/m，并用钢板支撑固定。

（7）进行接力器基础板二期混凝土浇筑（见图 2-198）。

（8）安装重锤（见图 2-199），待重锤拉杆下部托盘安装完成后，利用桥机将配重块套入，配重块套入完成后，将重锤整体吊入机坑（见图 2-200）。

（9）根据图纸安装接力器操作油管路等相关管路。

（10）接力器油管路安装完成之后，在厂家指导下操作控制环在全关位置，当关腔油压在 4MPa 时，左接力器的活塞应该在全关位置，右接力器的活塞应该在全开位置，否则，需通过旋转活塞杆进行调整。

图 2-197　接力器吊入机坑调整后

图 2-198　混凝土浇筑后

图 2-199　重锤组装

图 2-200　重锤挂装

第三节　主轴及轴承安装

一、概述及安装顺序

主轴是重要的转动部件，下游侧连接转轮，上游侧连接发电机转子，为中空结构、外法兰连接，主轴内腔布置有操作油管。

桑河机组水轮机与发电机共用一根轴，主轴采用 20SiMn 钢锻造，正、反推力镜板面直接在主轴上加工成型，主轴两端的法兰分别与发电机的转子和水轮机转轮采用螺栓连接。主轴内外操作油管与主轴形成三个油腔，分别为转轮接力器开、关操作高压油腔（6.3MPa）和一个低压轮毂保压油腔（0.3MPa），以操作转轮叶片的转动及防止河水进入轮毂体内。其中外操作油管与主轴固定，仅随主轴一起转动；内操作油管除随主轴一起转动外，还随转轮活塞缸一起做轴向运动，并带动受油器的反馈装置形成桨叶反馈。在水轮机的机坑内的主轴段设有主轴护套。水轮机导轴承采用径向分瓣卧式的筒式轴承结构，该轴承为重载低速动静压启动轴承，轴瓦表面衬以巴式合金，为适应在安装和运行时主轴的挠度和变形，轴瓦支承处设计为小圆柱面和两侧的小锥面支承型式。

发电机设组合式正、反向推力轴承和分块瓦卧式径向轴承。径向轴承承受转子重量和一部分主轴的重量；推力轴承承受机组正常运行时的正向水推力和机组甩负荷时产生的反向水推力。轴向推力负荷和径向负荷由轴承支架传递到水轮机管型座上，轴承支架为整体焊接结构，正、反向推力瓦和径向瓦由同一轴承支架支撑。

高压油顶起装置是指向组合轴承径向瓦及水导轴承瓦面注入高压油，形成油膜润滑承载的设备。防止干摩擦或半干摩擦，降低启动摩擦系数，确保机组在启、停过程中推力及水导轴承的安全性和可靠性。

因桑河水电站轴系为双悬臂结构，主轴会产生一定的挠度，为了保证导轴承滑动面与轴瓴完全吻合，采用在轴承座与轴瓦间加装瓦键的方式来进行调整，在径向轴承安装时，需根据现场实际测得的尺寸对瓦键进行加工及打磨，以消除制造及安装的综合误差。

主轴及轴承安装程序主要包括设备清洁、组装、水导轴承挂装、主轴吊装工具安装、滑车及滑车轨道安装、主轴吊装、主轴调整、水导轴承与导叶内环组装、高顶管路安装、组合轴承安装等工程项目。

主轴及轴承安装顺序如图 2-201 所示。

二、主轴及操作油管清洁

（1）受油器操作油管清洁（见图 2-202），受油器操作油管运至安装场后，对受油器操作油管上的防锈漆进行打磨，去除毛刺、污物，并用柴油进行擦拭、清洁，并涂抹凡士林。

（2）将主轴吊装工具（见图 2-203）、主轴及运输支架一起运至安装场卸车后，对支架进行加固，并对主轴上的防锈漆进行打磨，去除毛刺、污物，并用柴油进行擦拭、清洁，并涂抹凡士林（见图 2-204、图 2-205，主轴清洁前后对比）。

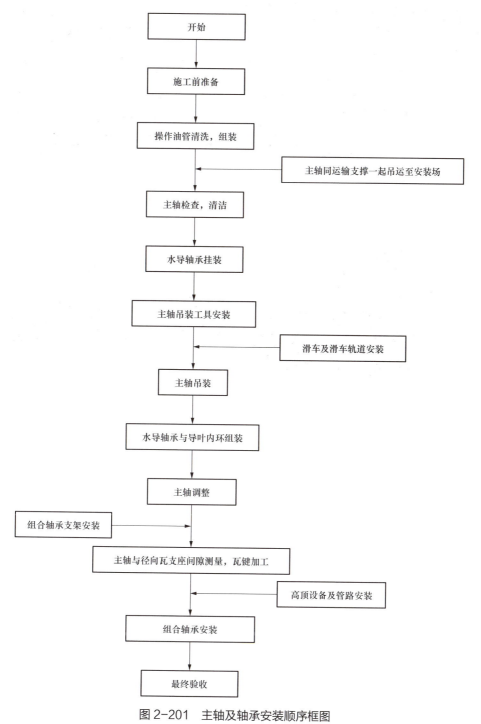

图 2-201　主轴及轴承安装顺序框图

图 2-202　受油器操作油管清洁

图 2-203　主轴吊装工具

图 2-204　主轴清洁前

图 2-205　主轴清洁后

三、操作油管安装

（1）主轴操作油管分为内、外操作油管两部分，内、外操作油管均由四节组成（受油器侧的长度较短）。按照主轴装配图调整第三节和第四节内操作油管法兰面位置，安装 O 形密封圈并涂抹凡士林（见图 2-206），安装螺栓并涂抹螺纹紧固剂（见图 2-207）、安装止动垫圈及销钉等（见图 2-208），组装第三节和第四节内操作油管、点焊销钉防止松动。

（2）按照主轴装配图调整第二节和第三节外操作油管，组装第二节和第三节外操作油管（见图 2-209），装配工艺及工序与内操作油管相同。

（3）将组装好的第二节和第三节外操作油管从主轴上游孔口插入主轴内孔（见图 2-210），插入前对外操作油管连接法兰边缘涂抹润滑油后水平推入主轴内孔（见图 2-211），操作油管穿插过程中需注意保持水平，不得径向摆动。

图 2-206　安装 O 形密封圈

图 2-207　连接螺柱涂抹螺纹紧固剂

图 2-208　安装锁定片并均匀把紧螺栓

图 2-209　连接外操作油管

图 2-210　外操作油管插入主轴内孔

图 2-211　外操作油管连接法兰涂抹润滑油

（4）将组装好的第一、二、三节内操作油管从外操作油管上游孔口插入外操作油管（见图 2-212、图 2-213），插入前对内操作油管连接法兰边缘及导向套涂抹润滑油后水平推入外操作油管内孔，内操作油管穿插过程中不得径向摆动，并在对侧观察内操作油管的插入情况，在内操作油管插入过程中若卡涩，可适当旋转内操作油管。待内操作油管插入后，检查内外操作油管配合度，要求内操作油管在外操作油管内能灵活滑动。

图 2-212 内操作油管插入外操内孔

图 2-213 观察内操作油管插入情况

（5）待第一、二、三节内操作油管插入外操作油管后，调整第一节与第二节外操作油管法兰面位置，组装第一节和第二节外操作油管（见图 2-214、见图 2-215），装配工艺与内操作油管装配工艺相同。

图 2-214 外操作连接螺柱安装

图 2-215 第一节外操作油管吊装

（6）第一节和第二节外操作油管连接好后，将第一节外操作油管随第二、三节一起推入主轴内孔（按照步骤 3），推入就位后将第一节外操作油管前端法兰面与主轴对应的法兰面连接后把紧连接螺栓。

（7）待外操作油管安装完成后，将余下的内操作油管推入（见图 2-216、图 2-217）。左操作油管（主轴与受油器连接处操作油管）在组装受油器前安装。

（8）外操作油管支撑法兰清洁好后，调整外操作油管与主轴下游侧位置，安装 O 形密封圈并涂抹凡士林，安装螺栓涂抹螺纹紧固剂（见图 2-218、图 2-219）。

图 2-216　内操作油管水平推入

图 2-217　内操作油管水平推入后

图 2-218　外操作油管支撑法兰密封安装

图 2-219　外操作油管支撑法兰安装

四、水导轴承挂装

（1）清扫水导轴承径向瓦及各进、排油孔，不得有残留杂物、铁屑等，并对各连接螺孔进行攻丝，用压缩空气检查油路是否通畅，然后用丝堵及白布封堵孔口（见图 2-220），将水导轴承分瓣，等待吊装（见图 2-221）。

图 2-220　水导轴承清洁攻丝

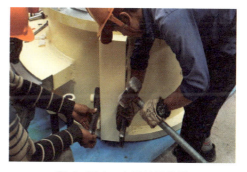

图 2-221　水导轴承分瓣

（2）清扫检查水导轴承在主轴上相应安装位置处，用刀口尺检查主轴上是否有高点（见图 2-222），并在主轴面及瓦面涂抹清洁的润滑油（润滑脂）（见图 2-223）。

图 2-222　检查主轴面是否有高点

图 2-223　涂抹润滑脂

（3）用柔性吊带配合手拉葫芦（见图 2-224），吊装水导轴承下瓣于轴颈，并用千斤顶顶靠于轴颈，使其紧密贴合（见图 2-225），安装密封条在轴承体分瓣面密封槽内，长度大于密封槽 2mm，分瓣面涂抹密封胶。

图 2-224　水导瓦下瓣吊装

图 2-225　水导瓦下瓣吊装

（4）吊装水导轴承上瓣与下瓣组合，对轴承组合螺栓进行预紧，预紧力矩为 4000N·m。测量主轴和水导轴承间隙，单边间隙须在 0.27~0.34mm（现场测量主轴和水导轴承上部总间隙，须在 0.54~0.68mm）（见图 2-226）。

（5）安装水导轴承支架将水导轴承临时固定在主轴下游侧相应位置（支架作用为对水导轴承安装位置进行定位，防止在主轴吊装过程中水导轴承与主轴产生相对位移）（见图 2-227）。

图 2-226　水导轴承间隙测量

图 2-227　水导轴承固定

五、主轴吊装

（1）安装主轴吊装工具，安装前对主轴吊装工具进行打磨除毛刺（见图 2-228），吊具距主轴发电机端法兰面距离为 3395mm，吊具与轴接触面应垫橡皮做好保护（见图 2-229、图 2-330）。

（2）安装辅助吊点吊耳，吊耳螺栓预紧力矩为 30000N·m（见图 2-331）。

图 2-228　主轴主吊具安装前打磨

图 2-229　主轴主吊具安装辅助千斤顶

图 2-230　主轴主吊具安装完成

图 2-231　主轴辅助吊耳

（3）按要求在管型座内安装滑车轨道、滑车、主轴顶起工具，滑车轨道应安装水平，并根据实际情况对滑车轨道和支架进行加固（见图2-232~图2-235）。

图2-232　滑车支撑

图2-233　滑车支撑加固

图2-234　滑车轨道

图2-235　安装好后的滑车

（4）利用主厂房桥机将主轴由安装间经流道盖板吊物孔吊入机坑内（此时辅助吊耳与主轴吊具一起挂于桥机同一主钩），主轴沿流道盖板长边（对角线）吊入机坑（见图2-236），然后用牵引绳索将主轴转至安装方向，吊放在滑车上。

（5）用滑车将主轴向下游侧移动，当主吊具绳索向下游移动受限时，在主轴上游端底部安装顶起工具，并对主轴做牢固支撑，由桥机副起升机构吊起主轴辅助吊点后，取下主起升主吊具上的绳索，再将主起升机构经管型座上进人孔下放至管型座内环，经主吊具吊起主轴，并由辅助吊耳配合滑车将主轴推至安放位置（见图2-237）。

（6）主轴推至安放位置后，将水导轴承扇形板嵌入导叶内环扇形板，安装水导轴承扇形板挡板，并在挡板（见图2-238）与扇形板间安放垫片（见图2-239），以使支架尽量贴紧接合面，测量水导轴承扇形板的轴向间隙在0.20~0.65mm。

图 2-236　主轴吊入流道

图 2-237　主轴推入

图 2-238　水导轴承扇形板挡板

图 2-239　水导轴承扇形板垫片

（7）安装水导轴承扇形板两侧压板（见图 2-240、图 2-241），水导轴承扇形板与压板的周向间隙应大于 2mm。

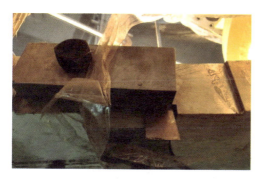

图 2-240　压板（一）

图 2-241　压板（二）

六、主轴调整

（1）在水导轴承扇形板安装完成后，利用手拉葫芦（见图 2-242）吊起滑车后拆除滑车滚轮（此时主轴重量由水导轴承扇形板及桥机承受）（见图 2-243）。

在滑车横梁上放两组液压千斤顶（两只50t）（见图2-244），并调整侧向支撑，以管型座内环上游侧法兰面为基准，利用主轴顶起工具（见图2-245）及两组液压千斤顶调整主轴中心（在调整过程中用塞尺测量水导轴承两侧间隙，两侧间隙应均匀），要求中心偏差不大于1mm。

图2-242　起吊滑车葫芦

图2-243　滑车滚轮

图2-244　调整用液压千斤顶

图2-245　主轴顶起工具

（2）以水导轴承下游面为基准，调整水导轴承下游面与主轴上挡油环定位销孔的距离（即间接调整主轴下游法兰面至转轮中心线的距离为35mm），要求偏差小于4mm，将主轴轴向定位（见图2-246、图2-247）。

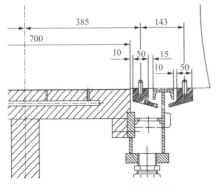

图2-246　主轴轴向定位

图2-247　水导油挡定位孔

（3）以水导轴承为参考点，利用主轴顶起工具及两组液压千斤顶调整主轴水平至 0.02mm/m 以内（见图 2-248、图 2-249）。

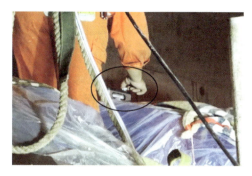

图 2-248　合像水平仪

图 2-249　框式水平仪

七、组合轴承支架及轴瓦清洁

（1）清扫各部位组合螺栓、销钉，去除毛刺、污物，保证组合螺栓螺母自由旋入（见图 2-250）。

（2）轴承支架转运至安装间，对轴承支架螺栓孔进行清扫并攻丝检查，检查轴承支架上所有组合面，清除油污、高点及毛刺等（见图 2-251~ 图 2-253）。

（3）拆除润滑油管路堵头、软管、接头、弯头、三通及四通等附件，用压缩空气进行清扫后重新装配各部件。

图 2-250　轴承支座连接螺栓

图 2-251　组合轴承支座清洁、螺孔攻丝

（4）用清洁油冲洗润滑油管，检查并记录结果。

（5）管路清洗完成后重新安装外方管堵，润滑油管做耐压试验，油压 0.15MPa，30min 无压降，检查并记录结果。

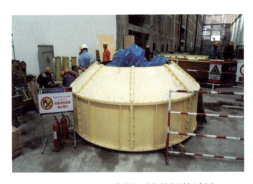

图 2-252　组合轴承端盖解体清洁

图 2-253　清洁后的轴承端盖

（6）管路耐压试验完成后排空试验油并将管路接头用白布封堵包裹严实。

（7）清扫、检查导轴承各部件，检查导轴承工作面不得有裂缝、硬点和沙眼，检查高压油和润滑油孔是否通畅，并预装轴承润滑油管和高压油管的接头（见图 2-254、图 2-255）。

图 2-254　径向轴瓦清洁

图 2-255　推力轴瓦清洁

（8）主轴进场清扫完成后将径向瓦贴在主轴上检查瓦面与主轴的配合情况，保证接触面每平方厘米至少应有 1 个接触点。局部不接触面积不应超过整个接触面积的 5%，不接触面积总和不应超过整个接触面积的 15%。

（9）清扫、检查正反推力轴承各部件，检查推力轴承工作面不得有裂缝、硬点和沙眼，检查润滑油孔是否通畅，并预装轴承润滑油管的接头。

八、组合轴承支架安装

（1）组合轴承支架安装前主轴已吊装，复测主轴水平、中心及正推镜板工作面到轴承座安装组合面的距离应满足设计要求（16mm）。

（2）将组合轴承支架吊入机坑（见图 2-256），管型座内部配合手拉葫芦，调整组合轴承支架与管型座内环法兰面的相对位置，装配连接螺栓将其固定在管型座上（见图 2-257~图 2-259），检查调整支架中心，测量和调整 6 个导轴承径向瓦支座到主轴轴颈距离（在管型座内环对称四点上焊接临时挡块，利用千斤顶配合手拉葫芦进行调整），要求同心度在 0.1mm 内（见图 2-260、图 2-261）。

图 2-256　组合轴承支架吊入机坑

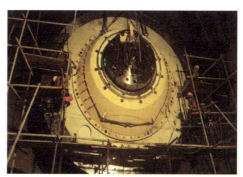

图 2-257　插入把合螺栓

图 2-258　调整用千斤顶（一）

图 2-259　调整用千斤顶（二）

图 2-260　径向瓦支座到主轴轴颈距离

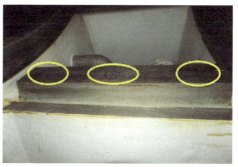

图 2-261　径向瓦支座上的三个测点

（3）预紧组合螺栓，在管型座的上游两侧分别架设百分表，指针均正对螺栓端头，用液压拉伸器对组合螺栓进行预紧，分三次预紧，预紧拉伸值分别为最终拉伸值的 50%、75%、100%，组合螺栓拉伸值为 0.31~0.34mm（见图 2-262），48 套组合螺栓分 12 组对称跳步拉伸，拉伸顺序如图 2-263 所示，检查并记录连接螺栓拉伸值并将螺母点焊牢靠。

图 2-262　把合螺栓拉伸

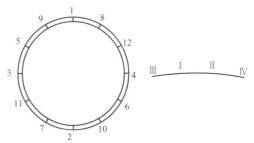

图 2-263　把合螺栓拉伸顺序

（4）安装支架组合偏心销，旋转销套直至螺栓可穿过，把紧组合螺栓，对称跳步预紧，预紧顺序参考图 2-263。

（5）再次检查组合轴承支架与主轴的同心度，要求同心度不超过 0.1mm。

（6）检查组合面间隙，要求用 0.05mm 塞尺检查不得通过，允许局部间隙用 0.1mm 塞尺检查深度不超过组合面的 1/3，且长度不超过总长度的 20%，组合螺栓及销钉周围不得有间隙，组合面错牙不超过 0.1mm。

九、径向轴承安装

（1）检查清扫导轴承瓦和轴颈工作面，测量和调整 6 个径向瓦支座到主轴轴颈距离（见图 2-264、图 2-265），用以计算 6 块径向支撑（瓦键）的打磨厚度。

图 2-264　径向瓦支座至轴颈距离测量

图 2-265　径向瓦径向支撑

（2）计算每块径向瓦径向支撑的厚度，按照图纸要求加工每块径向支撑，并对径向支撑、径向瓦及径向瓦支座打上对应编号钢码，检查径向支撑厚度及表面平面度和光洁度（见图 2-266、图 2-267）。

图 2-266　径向瓦径向支撑加工

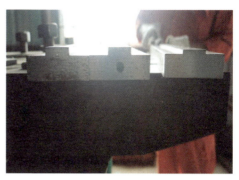

图 2-267　径向瓦径向支撑加工前后对比

（3）导轴承安装前须按要求安装导轴承测温电阻及测温电缆（见图 2-268、图 2-269）。

图 2-268　推力瓦测温电阻

图 2-269　径向瓦测温电阻

（4）径向瓦吊装，将径向瓦经管型座进人筒吊入管型座内部，在安装前在瓦面涂抹润滑油（或凡士林）（见图 2-270）。

（5）用手拉葫芦（3t/2 个），使径向瓦工作面贴紧轴颈，用 0.02mm 塞尺检查径向瓦工作面与轴颈应无间隙（见图 2-271）。

（6）用主轴调整工具在上游侧将主轴顶起 1mm 左右，并在下轴颈架设百分表监测（见图 2-272、图 2-273），安装下层四块径向瓦径向支撑（见图 2-274、图 2-275）。

（7）拆除主轴临时支撑，将主轴重量转移到下层 4 块径向瓦上，用 0.02mm 塞尺检查 4 块径向瓦的工作面与轴颈应无间隙。

图 2-270　瓦面涂抹凡士林

图 2-271　径向瓦吊装

图 2-272　轴颈处百分表

图 2-273　水导处百分表

图 2-274　主轴顶起

图 2-275　径向支撑安装

（8）复测主轴水平（因主轴与径向瓦座之间空间有限，测量时不便于读数，在复测主轴水平时需多人进行测量后比较结果），水平值应无变化，若水平值发生变化，通过使用主轴顶起工具顶起主轴，检查主轴更换支点后挠度对主轴水平度的影响，结合挠度对主轴水平的影响，取出径向瓦支撑按步骤 2 再次加工，将加工好后的径向瓦支撑按步骤 6 安装好后复测主轴水平，重复以上步骤直至水平度达到设计要求。

（9）安装上层 2 块径向瓦的径向支撑，检查径向瓦瓦支撑和轴承支座的间隙，间隙值为 1.5~1.8mm。

（10）检查轴承支架与径向轴承支撑的轴向间隙需在 0.5~1.0mm 间。

十、主轴高压油顶起试验

（1）在低位油箱就位后，开始组合轴承及水导轴承油管路配管（见图 2-276，图 2-277）。

图 2-276　高顶油管

图 2-277　轴承回油管配管

（2）将现场配好的油管，拆除后进行打压试验，并进行酸洗钝化（见图 2-278~图 2-281）。

图 2-278　轴承回油管打压

图 2-279　高顶油管

图 2-280　管路酸洗液

图 2-281　管路酸洗

（3）安装水导挡油板及组合轴承端盖，轴承端盖与主轴间隙为 1mm~5mm（见图 2-282、图 2-283）。

图 2-282 水导轴承油挡安装　　　　图 2-283 组合轴承端盖安装

（4）按要求安装高压油顶起管路（见图 2-284），管路安装合格后需进行油压试验，试验油压 30MPa，试验时间 60min（见图 2-285）。

（5）转子安装完成后进行主轴高压油顶起试验，将高压油管连接到机组高顶系统。在轴承支架上靠近导轴承位置架设百分表，表针径向对准主轴，打开高顶系统，测量主轴上抬量，在工作油压下上抬量应为 0.05~0.08mm，若不符合则通过调整节油阀来控制其上抬量。

图 2-284 水导及组合轴承油管路　　　　图 2-285 高顶试验

（6）主轴顶起工具拆除，并经管型座上支柱进人孔吊出（见图 2-286、图 2-287）。

图 2-286 主轴顶起工具吊出　　　　图 2-287 主轴顶起工具吊出

十一、推力轴承安装

（1）装配轴承座上相关部件（见图2-288），将支柱螺钉旋转到底，将推力轴承托梁安装到支柱螺钉上，将正反推瓦安装到托梁上，并将推力瓦和轴承座用支柱螺钉连接起来，其中推力瓦支撑及推力瓦支撑螺栓（见图2-289）在推力瓦安装调整完毕后取出妥善保管以备后续使用。

图 2-288　装配好的推力轴承

图 2-289　推力瓦支撑

（2）再次清扫、检查组合轴承座和轴承支架的把合面，将装配好的推力轴承及轴承座吊入管型座内（见图2-290），将推力瓦缓慢插入主轴的两个镜板间（见图2-291），调整推力瓦位置使轴承座紧密把合在轴承支架上（3t/3个）。

图 2-290　推力轴承吊入管型座内

图 2-291　推力轴承插入

（3）安装轴承座螺栓及螺母（见图2-292），在轴承座上架设百分表，表针正对螺栓两侧拉伸螺栓（见图2-293），拉伸值为2~2.2mm。

（4）调整推力瓦与主轴镜板间隙，推力瓦安装完成后，调整任意对称4套推力瓦的支柱螺钉，使正反推力瓦瓦面与镜板贴合紧密并用0.02mm塞尺检查不得通过，通过调整支柱螺钉（见图2-294）使余下的正推力瓦瓦面与正推镜板贴合紧密并用0.02mm塞尺检查不得通过，适当旋松前4套反向推力瓦的支柱螺钉，并在轴颈处对称架设一组百分表（见图2-295）。

图 2-292　轴承座螺栓及螺母安装完成

图 2-293　轴承座螺栓拉伸

（5）起高顶，利用千斤顶向上游顶动转子支架（千斤顶支点为轴承支架），监测百分表读数为 0.8mm（防止人为误碰百分表），锁定正推瓦支柱螺钉，检查所有反向推力瓦瓦面与镜板面贴合紧密。将百分表读数归零，起高顶，利用千斤顶轴向向下游顶动转子支架，复查百分表读数是否为 0.8mm，若数值相差较大，则按上述步骤重新调整。调整合格后，锁定反向推力瓦支柱螺钉（总间隙值在 0.6~0.8mm，间隙偏差 ≤ 0.05mm）。

图 2-294　支柱螺钉调整

图 2-295　推力瓦总间隙监测

（6）安装轴承端盖（见图 2-296）及接触式油挡。

图 2-296　轴承端盖安装

第四节　主轴密封安装

一、概述及安装顺序

主轴密封由检修密封和工作密封组成。主轴密封装配包括大轴螺栓护盖、抗磨板、主轴护环、检修密封座、浮动环、密封块、支持环、密封盖、无间隙密封装配、密封水气管路及磨损指示装置等。

检修密封为加压式实心空气围带，工作气压 0.7MPa，当机组停机时，实心围带在压缩空气的作用下径向膨胀与大轴螺栓护盖外圆紧密贴合，阻止流道内不清洁水流通过导叶内环延伸段与转轮的轴向间隙处进入机组内，从而达到密封的目的。

工作密封为自补偿式水压端面密封。其工作原理：不锈钢抗磨板固定在大轴螺栓护盖上端面，复合材料制成的密封块把合于不锈钢浮动环上，浮动环装于支持环内侧，滑动接触且设有密封圈和导向环。工作时依靠浮动于支持环间的弹簧力和密封腔内的水压力，将密封块与抗磨板贴合，达到密封的效果。

密封端盖上设有无间隙密封，可以有效避免从工作密封漏出的水进入水导轴承侧，并通过密封端盖底部的排水管将漏出水排至渗漏集水井。

主轴密封安装顺序如图 2-297 所示。

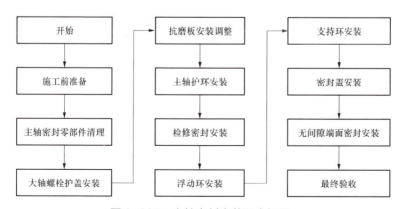

图 2-297　主轴密封安装顺序框图

二、安装准备

（1）拆开主轴密封零部件，仔细进行清理，不允许有毛刺，锈蚀和杂质（见图 2-298、图 2-299）。

图 2-298　各部件清洁　　　　　　　图 2-299　各部件清洁

（2）在安装间进行检修密封座、实心空气围带、检修密封盖和大轴螺栓护盖的预装，检修密封座与检修密封盖需可靠地把合在一起，通入压缩空气（气压不大于工作压力），检查实心空气围带的密封性能，排出压缩空气检查空气围带是否能快速复位。在进行实心空气围带预装检查前，须检查确认围带是否已粘接成整圈，若未粘接，则应使用专用胶水（乐泰480）进行粘接；此外也需注意已粘接好的围带与检修密封座/盖的配合情况，由于围带与检修密封座/盖的热膨胀系数有较大差别，可能会出现厂内粘接好的围带与检修密封座/盖配合不良的情况（一般而言围带会稍长），此时也需切开重新粘接；围带粘接时应使用专用夹具或模具。

（3）检修密封座、检修密封盖已套入主轴（见图 2-300、图 2-301）。

 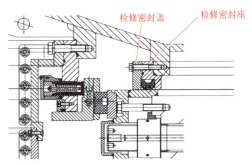

图 2-300　检修密封座已套入主轴　　　图 2-301　检修密封座与检修密封盖

（4）在主轴密封的安装空间较小不便于架设手动葫芦的地方，进行主轴密封安装准时需准备一些工器具，如液压千斤顶、螺纹棒、滑轮等。

（5）确定转轮已联轴，联轴螺栓已预紧、止动块已装焊，注意止动块的装焊位置为避免与大轴螺栓护盖背面筋板干涉，止动块应装焊在径向内侧（相对于主轴中心）。

三、大轴螺栓护盖的安装

（1）主轴和转轮组装之后，清洁大轴螺栓护盖并吊装到机坑。

（2）用深度尺检查大轴螺栓护盖和主轴法兰止口深度，并对大轴螺栓护盖的倒角尺寸进行检查；将大轴螺栓护盖围绕主轴组圆，在大轴螺栓护盖组装之前，分瓣面需涂抹厌氧型密封剂，然后进行组装，分瓣面挤出的密封剂必须清理干净，检查调整分瓣面错牙不大于 0.05mm（见图 2-302），合格后对分瓣面圆柱销和把合螺栓点焊固定。

（3）在主轴相应法兰面安装 $\phi8$ 耐油橡胶圆条，安装大轴螺栓护盖在主轴法兰上，安装相应的铜垫圈和不锈钢螺栓（见图 2-303）。

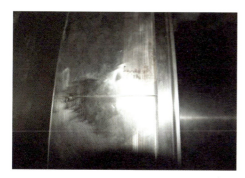

图 2-302　分瓣面错牙打磨　　　　图 2-303　大轴螺栓护盖组圆完成

（4）大轴螺栓护盖安装就位后用塞尺测量与主轴法兰间隙，通过测量大轴螺栓护盖相对于主轴法兰的错牙调整大轴螺栓护盖与主轴的同心度。

（5）大轴螺栓护盖安装调整合格后，按图安装压环，安装 $\phi10$ 耐油橡胶圆条（见图 2-304、图 2-305）。

（6）盘车检查大轴螺栓护盖的摆度，记录检查结果（不大于 0.3mm）。

图 2-304 大轴螺栓护盖

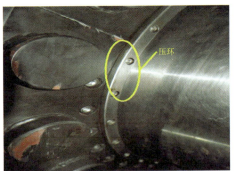

图 2-305 大轴螺栓护盖上的压环

四、抗磨板的安装

（1）在大轴螺栓护盖相应密封槽内安装 $\phi4$ 橡胶圆条。

（2）抗磨板安装过程中注意测量调整分块抗磨板端头处的间隙和错牙，错牙应不大于 0.02mm，并且沿旋转方向后一块不高于前一块，间隙不大于 0.05mm。同时需注意检查该橡胶圆条是否有将抗磨板"抬起"的现象（前面的抗磨板安装后在两端头处用塞尺检查抗磨板与大轴螺栓护盖的间隙）。

（3）在大轴螺栓护盖上安装抗磨板（见图 2-306、图 2-307），预紧把合螺栓，并进行点焊。注意不得损坏密封工作面。

（4）检查抗磨板分瓣面，不允许有尖角和错牙。

（5）检查抗磨板的摆度，记录检查结果（0.1mm）。

图 2-306 抗磨板

图 2-307 抗磨板安装在大轴螺栓护盖上

五、主轴护环安装

（1）用胶水将 $\phi4$ 耐油橡胶圆条装入主轴护环的密封槽内（见图 2-308、图 2-309）。

图 2-308　主轴护环

图 2-309　安装耐油橡胶圆条

（2）在主轴护环的分瓣面销孔内装入圆柱销，将护环围绕主轴组圆，分瓣面需涂抹厌氧型密封剂，将护环分瓣面圆柱销点焊固定（见图 2-310、图 2-311）。

图 2-310　安装主轴护环

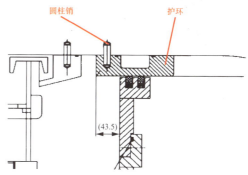

图 2-311　主轴护环及圆柱销

六、检修密封安装

（1）清洁内环延伸段上下分瓣面密封槽及螺栓孔后安装耐油橡胶圆条，利用手拉葫芦配合桥机调整上下两瓣相对位置，预紧把合螺栓后穿入偏心销套再次把紧。待工作密封相关附件吊入后，连接导水机构内环与内环延伸段（见图 2-312、图 2-313）。

图 2-312　内环延伸段上瓣

图 2-313　内环延伸段组装

（2）在检修密封座上安装 $\phi 8$ 橡胶圆条，通过把合螺栓安装检修密封座在内环延伸段。检查检修密封座和大轴螺栓护盖的间隙，记录检查结果（1.0~2.0mm）。

（3）在检修密封座内安装实心空气围带。通过螺栓将检修密封盖把合在检修密封座上。检查检修密封和大轴螺栓护盖之间的间隙，通入 0.7MPa 的压缩空气并检查检修密封和大轴螺栓护盖之间的间隙，排除压缩空气后检查围带是否复位，记录检查结果（见图 2-314、图 2-315）。

图 2-314　检修密封座

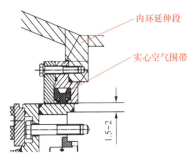

图 2-315　检修密封

七、工作密封安装

（1）浮动环组装，将四瓣浮动环围绕主轴组装成整体，浮动环分瓣面需涂抹厌氧型密封剂，检查并调整分瓣面错牙和间隙，错牙和间隙都不应大于 0.05mm。

（2）密封块组装，将 6 瓣密封块清洗干净，在密封块的分瓣接头处薄薄地涂抹一些厌氧型密封剂（挤出的密封剂必须清理干净），检查密封块接头的轴向错牙，将 6 瓣密封块围绕主轴组圆，在密封块的进出口处的密封槽内装入 O 形密封圈，根据密封进水口调整密封块相对于浮动环的位置，使密封块与浮动环的进水口对正；用不锈钢内六角螺钉和铜垫圈将密封块把紧在浮动环上，把紧后检查密封块接头部位的轴向错牙，为使后续机组运行时水膜厚度一致，密封块接头的轴向错牙应尽可能小（见图 2-316~ 图 2-319）。

图 2-316　浮动环

图 2-317　密封块

图 2-318　浮动环安装

图 2-319　密封块安装在浮动环上

（3）支撑块安装，将 2 个支撑块安装在导叶内环延伸段上。待内环延伸段安装完成后将已组装成整体的浮动环和密封块放置在 2 个支撑块上（见图 2-320、图 2-321）。

图 2-320　支撑块

图 2-321　支撑块安装在导叶内环延伸段上

（4）按密封供水管装配图，将供水管路及接头安装在密封块和浮动环上，并用管夹可靠固定（见图 2–322）。

（5）支持环安装，将 4 瓣支持环围绕主轴组装成整体，分瓣面涂抹厌氧型密封剂，检查并调整分瓣面错牙和间隙，要求同浮动环。在支持环内圆柱面装入导向环，并在导向环和浮动环配合面涂抹润滑油脂，使支持环缓慢平稳穿入浮动环（见图 2–323），根据密封进气口及进水口位置调整支持环相对于浮动环和延伸段的位置，将支持环平稳安装在导叶内环延伸段上，不要漏装此处的 $\phi 8$ 耐油橡胶圆条。用塞尺测量浮动环与支持环及支撑块的径向间隙，在自重影响下 $-Y$ 方向该间隙会小于 $+Y$ 方向，甚至 $-Y$ 方向可能没有间隙。按图安装压盖及 $\phi 12$ 耐油橡胶圆条。

图 2–322　主轴密封供水管

图 2–323　支持环与浮动环组装

（6）安装 12 个弹簧压盖、弹簧、弹簧座，安装防转止动板和止动销（见图 2–324、图 2–325）。

图 2–324　主轴密封弹簧

图 2–325　主轴密封弹簧安装

（7）在 4 瓣浮动环端面各架设 3 个百分表，安装临时管路、阀组及表计，并通过密封供水管路通入压力水进行浮动环的动作试验及浮动量测量，根据动作试验情况及浮动量，调整压力水的水压和流量。

八、密封盖安装

（1）将4瓣密封盖围绕主轴组圆，分瓣面涂抹厌氧型密封剂，检查分瓣面错牙和间隙；根据 X、Y 坐标以及密封进气口、进水口、排水管调整密封盖与支持环的相对位置，测量并调整密封盖与无间隙密封装配的配合止口到主轴护环的距离均匀一致。将密封盖把紧在导叶内环延伸段上。钻导叶内环延伸段与导叶内环销孔，钻密封盖、支持环与导叶内环延伸段销孔（见图2-326）。

（2）接触式密封装配安装。安装前需检查接触式密封的密封块是否能灵活伸缩，将4瓣检查合格的接触式密封围绕主轴组圆，分瓣面涂抹厌氧型密封剂，检查并调整分瓣面错牙和间隙。测量并调整接触式密封装配与主轴护环的径向间隙均匀一致（见图2-327）。

图2-326　密封盖安装

图2-327　接触式密封

（3）磨损指示装置安装（见图2-328）。

（4）密封排水管安装（见图2-329），按要求对排水管进行清理和打压试验。

图2-328　磨损指示装置

图2-329　密封排水管

注意：主轴密封装配零部件安装过程中，分瓣面需涂抹厌氧型密封剂，把合螺栓都需涂抹螺纹锁固剂，转动部件的分瓣面圆柱销需点焊固定。

第五节　转轮及转轮室安装

一、概述及安装顺序

转轮是水轮机的重要部件，为适应水头的变化及负荷的调节，桑河电站采用转桨式操作机构缸动式结构，即在操作转轮叶片转动时，接力器活塞不动，油压力驱动活塞缸的移动，带动叶片操动机构运动进而带动叶片转动，这种结构有利于机构布置和提高机组运行稳定性。

在转轮的外部，导水机构与尾水管之间布置有转轮室和伸缩节，转轮室是水轮机的重要过流部件。

转轮及桨叶主要包括转轮轮毂体安装及桨叶安装，其中转轮轮毂体整体到货，桨叶分5片到货，转轮室则分上、下瓣到货。安装转轮轮毂体前先将转轮室下瓣安装在导水机构外环上。利用厂房160t桥机在卸货间完成转轮轮毂体及桨叶卸车，转轮轮毂体进行完油压试验后吊装转轮轮毂体与主轴连接并依次安装转轮桨叶，桨叶安装完成后按要求进行动作试验和桨叶密封漏油试验。

转轮及转轮室安装顺序如图2-330所示。

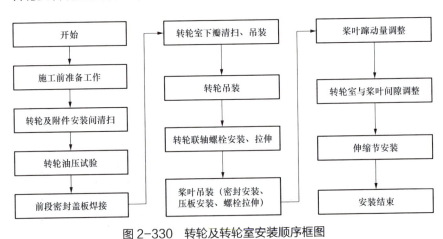

图2-330　转轮及转轮室安装顺序框图

二、转轮安装间清扫及油压试验

（1）将转轮连同运输支架一起吊运至安装间，清扫转轮螺栓孔（见图2-331）。

（2）拆卸转轮操作油管堵板，对操作油管螺栓孔进行清洗检查（见图2-332），结束后回装。

图2-331　清扫转轮工作面螺栓

图2-332　检查清扫操作油管螺栓孔

（3）根据图纸安装轮毂体支座，把合并预紧底部连接螺栓，将轮毂体吊运至支座上（见图2-333、图2-334）。

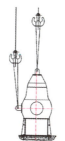

图2-333　转轮轮毂体吊装就位

图2-334　转轮吊运至支座

（4）用千斤顶支撑着堵板，准备好塑料桶，打开排油阀，将转轮接力器内部防锈油排出（见图2-335）。

（5）将桨叶与转轮连接处堵板拆卸，排出内部防锈油，并对螺栓进行清洗检查（见图2-336）。

图2-335　排出防锈油

图2-336　拆除堵板，排出防锈油

（6）安装打压油泵及配套管路，对转轮接力器活塞组合密封进行打压试验，试验油压 6MPa，持续 30min 无渗漏，检查漏油情况并做记录（见图 2-337、图 2-338）。

图 2-337　转轮油压试验（一）　　　　图 2-338　转轮油压试验（二）

（7）油压试验完成后将转轮内润滑油排空，拆除转轮油压试验工具；按照图纸要求，对泄水锥护板及连接体护板连接处进行打磨（见图 2-339），并采用细焊条小电流施焊对连接处进行对称封焊（见图 2-340），防止转轮体法兰变形；焊接结束后对焊缝进行 VT 探伤检查（宏观检查），要求焊缝处无漏焊、无夹渣、无咬边；在过流面涂抹环氧树脂漆，回装桨叶与转轮连接处堵板，等待转轮吊装。

图 2-339　泄水锥护板与连接体护板焊缝打磨　　图 2-340　泄水锥护板与连接体护板焊接

三、转轮室吊装

（1）先将转轮室下瓣吊运至安装间，对转轮室下瓣法兰面进行清洁，并检查其水平度（见图 2-341），对于有高点及毛刺的地方，需进行打磨处理；转轮吊装前先将转轮室下瓣吊运至机坑，用 4 个 10t 葫芦将转轮室下瓣固定于导水机构与尾水管之间（见图 2-342）。

图 2-341 转轮室下瓣清洁水平度检查

图 2-342 转轮室下瓣吊装

（2）翻身吊装转轮到转轮室内，吊装前需调平转轮轮毂体。（见图 2-343、图 2-344）。

图 2-343 转轮吊装前调平准备

图 2-344 转轮吊装

（3）调整主轴内操作油管向下游伸出主轴，连接主轴内操作油管与轮毂体内操作油管，安装密封、螺栓、垫片、销钉并预紧螺母（见图 2-345、图 2-346）。

（4）安装 $\phi200$ 销套在主轴销孔内，安装密封圈、密封橡胶圆条（见图 2-347、图 2-348）。

（5）检修密封座套装（见图 2-349、图 2-350）。

图 2-345 转轮体吊至机坑

图 2-346 主轴内操作油管向下游侧延伸

图 2-347　密封安装

图 2-348　操作油管连接

图 2-349　检修密封座套装（一）

图 2-350　检修密封座套装（二）

（6）调整主轴与转轮间位置，安装销套于转轮轮毂体销孔内，待所有销套装入后，安装连轴螺栓和螺母，联轴螺栓露头不超过 152mm，并用手动扳手把紧联轴螺栓，调整过程中防止转轮产生径向位移（见图 2-351）。

（7）根据图纸要求用液压拉伸器同时对称把紧连轴螺栓（每两颗对称的螺栓一组，同时进行拉伸），分三次预紧，预紧力分别为最终预紧力的 50%、75%、100%，预紧力参照 ISO 公制标准螺栓预紧表（见图 2-352、图 2-353）。

1）第一次预紧目的为使联轴螺栓均匀受力，压力约 60MPa（不架表）。

2）第二次预紧目的为消除转轮体与主轴连接处的间隙，压力约 80MPa（不架表），并用 0.05mm 的塞尺检查，要求组合面无间隙。

3）第三次预紧目的是使转轮体与主轴连接螺栓拉伸，并将转轮体的重量转移至水导轴承，要求联轴螺栓拉伸值为 0.50mm（架表），压力约 110MPa，检查并记录联轴螺栓拉伸值。

图 2-351　联轴螺栓安装

图 2-352　螺栓第一、二次预紧

图 2-353　螺栓第三次预紧

步骤为：

a. 关闭液压拉伸器泄压阀，开启油泵将拉伸器压力加压至 90~100MPa，用撬棍检查联轴螺栓螺母未受力，旋松螺母，打开泄压阀将拉伸器泄压，使螺母处于自由状态。

b. 在联轴螺栓端部（上游侧）架设百分表，将百分表对零，并留有一定的压缩余量。

c. 关闭液压拉伸器泄压阀，开启油泵将液压拉伸器加压至约 110MPa，同时关注百分表读数，当百分表读数应大于 0.50mm，为 0.70~0.80mm 时（不同的螺栓读数不同），停止油泵，打开泄压阀泄压，读数，当百分表读数略大于 0.50mm 即可，若读数小于 0.50mm 则需重复上述步骤，并适当提高油压对螺栓进行拉伸（见图 2-354）。

（8）根据图纸要求安装联轴螺栓止动块并进行点焊（见图 2-355）。

图 2-354　联轴螺栓最终拉伸值

图 2-355　联轴螺栓挡块安装

四、转轮桨叶安装

（1）转轮桨叶安装前须完成高压油顶起装置安装，将转轮桨叶转运至安装间，检查转轮桨叶编号与转轮桨叶孔编号一致，查找桨叶止动环、盖板、压环编号（标记）与桨叶一一对应。

（2）调整转轮位置，保证桨叶与转轮连接处垂直向上（任意5选1）（见图 2-356），拆除桨叶与转轮连接处堵板，并对连接处进行清洁（见图 2-357）。

图 2-356　桨叶与转轮连接处位置在调整　　　　图 2-357　转轮与桨叶连接处清洁

（3）按照图纸要求，安装桨叶吊装工具（共4个吊点），在桨叶吊装前须先用水平尺检查桨叶的水平度，防止桨叶与转轮轮毂体接触时因倾斜而损伤精加工面（见图 2-358、图 2-359）。

图 2-358　桨叶吊装前水平度检查　　　　　　图 2-359　桨叶吊装

（4）在桨叶与转轮连接前，先将V形组合密封（共7层）进行清洁并预装，检查密封的尺寸是否满足要求（见图 2-360、图 2-361）。

图 2-360　桨叶密封　　　　　　　　　　　　图 2-361　密封预装

（5）当桨叶吊运至转轮连接处时，将 V 形组合密封套在桨叶法兰根部，调整桨叶与转轮的相对位置，通过手拉葫芦慢慢将桨叶下放，在下放过程中检查密封与桨叶及转轮的配合情况，可借助外力采用逐层压紧的方法安装密封，安装时注意密封 V 形口的朝向（见图 2-362、图 2-363）。

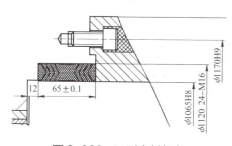

图 2-362　V 形密封朝向

图 2-363　V 形密封安装

（6）密封安装到位后，安装桨叶螺栓和垫圈。首先，用手动扳手把紧桨叶连接螺栓，然后，用液压扭矩扳手对称把紧桨叶螺栓，分别通过 50%、75% 和 100% 三次预紧，最终预紧力矩 19800N·m（见图 2-364、图 2-365）。

图 2-364　桨叶螺栓

图 2-365　桨叶螺栓安装

（7）安装桨叶螺栓止动块，并进行点焊，安装螺栓盖板并进行封焊（见图 2-366）。

（8）安装桨叶密封压板（见图 2-367），预紧把合螺栓。测量桨叶和压板之间的间隙，间隙应该在 0.25~0.46mm 之间。用环氧树脂涂满压板把合螺栓孔，过流面打磨光滑。

（9）第一片桨叶安装结束后，在主轴上捆绑钢丝绳，开启高压油顶起装置，并用百分表测量顶起量，拖动钢丝绳旋转主轴和转轮，调整转轮与桨叶连接处位置，当待安装桨叶的部位转至垂直向上时，停止转动，用葫芦将转轮及桨叶锁住，防止其在自重下转动，安装其他桨叶（见图2-368、图2-369）。

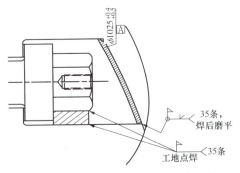

图 2-366　螺栓挡块及盖板焊接要求

图 2-367　密封压板安装

图 2-368　旋转主轴

图 2-369　旋转主轴，安装其他桨叶

（10）转轮桨叶安装完成后进行动作实验，操动机构动作灵活，桨叶动作平稳。桨叶密封漏油实验：在受油器端安装实验设备，油压0.5MPa，时间16h，每小时动作2~3次，每个桨叶的漏油量不超过7.0mL/h（见图2-370）。

（11）转轮过流面上其他孔应用环氧树脂涂满，并且过流面打磨光滑（见图2-371）。

图 2-370　转轮动作实验

图 2-371　转轮过流面打磨

五、转轮室吊装

（1）清理导水机构下游侧法兰面密封槽，按要求安装两条 $\phi12$ 密封条在密封槽内。

（2）转轮下瓣吊装参见本节三（1）。

（3）调整转轮室下瓣与导水机构下游侧法兰面相对位置，通过螺栓和垫片与导水机构下游侧把合，取掉转轮室上下游侧临时固定用手拉葫芦（见图 2-372）。

（4）清洁转轮室下瓣分瓣组合面密封槽，安装 $\phi12$ 密封条在密封槽内，其长度超过密封槽长度 2mm（见图 2-373）。

（5）在安装间完成转轮室上瓣清洁、组合面平面度检查，将转轮室上瓣吊至机坑，调整上下瓣的相对位置，把紧螺栓和螺母，用扭矩扳手对分瓣面螺母进行预紧，预紧力矩 7000N·m。用 0.05mm 的塞尺检查分辨组合面间隙，要求一般间隙不超过 0.05mm，局部允许有 0.10~0.15mm 的间隙，深度小于结合面的 1/3，长度不超过合缝处的 1/5（见图 2-374）。

图 2-372 转轮室下瓣与导水机构连接

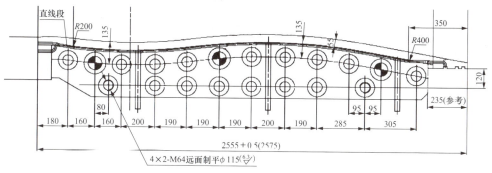

图 2-373 密封条安装要求

（6）在桨叶与转轮体间隙处打入楔子板，消除桨叶驱动机构间及各连接部位的间隙（见图 2-375）。

（7）通过桥机、手拉葫芦及转轮室调圆工具调整转轮室与桨叶间的间隙，使左右间隙均匀，上部间隙大于下部间隙约 0.5mm（考虑留到充水后，转轮室存在一定的下沉量，约 0.80mm），分别在桨叶全关、50% 开度、全开的状态下测量其间隙，要求间隙在 4.0~4.4mm 之间（左右间隙）（见图 2-376）。

图 2-374　转轮室上瓣吊装

图 2-375　桨叶蹿动量调整（楔子板）

（8）通过螺栓和垫片把合转轮室与导水机构，并用扭矩扳手进行预紧，预紧力矩 4100N·m。

（9）对导水机构与转轮室组合面进行封水渗漏试验，试验压力 0.4MPa，时间 10min，应无渗漏，打压结束后安装打压孔螺塞（见图 2-377）。

（10）在导叶外环与转轮室相应孔内安装销套，调整销套位置，安装销子，并对销套进行点焊。

图 2-376　转轮室调圆工具

图 2-377　转轮室与导水机构下游侧法兰打压

六、伸缩节安装

（1）清理转轮室下游侧组合面密封槽，按要求在转轮室下游侧组合面安装 3 条 ϕ16 橡胶圆条（见图 2-378）。

（2）在安装间清理伸缩节各零部件，检查组合面水平度，组合面应无毛刺、高点、锈蚀及杂质（见图 2-379）。

（3）吊装伸缩节下瓣至机坑，用螺栓和垫圈把合伸缩节和尾水管，螺栓不用把紧；在伸缩节上瓣安装 2 条 ϕ12 橡胶圆条，并涂抹黄油或者凡士林防止密封圆条在吊运过程中脱落，吊运伸缩节上瓣至机坑，调整其与转轮及尾水管的相应位置值，用专用工具将伸缩节 2 条密封圆条放置入伸缩节下瓣密封槽内（见图 2-380～图 2-382）。

（4）安装伸缩节上下瓣面销钉，把紧螺栓与螺母（见图 2-383）。

（5）测量转轮室与伸缩节间的轴向间隙，要求间隙在 15mm±2mm 间（见图 2-384、图 2-385）。

图 2-378　清理伸缩节密封槽

图 2-379　清理伸缩节

图 2-380　上瓣密封条安装

图 2-381　伸缩节下瓣安装

图 2-382　伸缩节上瓣安装

图 2-383　上、下瓣把合

图 2-384　轴向间隙调整

图 2-385　轴向间隙

（6）通过调整螺母调整转轮室与伸缩节间的径向间隙，使其间隙均匀，要求间隙在 0.25~0.75mm 之间，并用螺母锁紧 +X 线以下部分螺栓，轻微松开 +X 线以上部分螺栓（以保证转轮室与伸缩节间的相对滑动功能）。

（7）预紧尾水管与伸缩节间的把合螺栓，预紧力矩 3400（±10%）N·m。

（8）进行尾水管与伸缩节法兰面间的封水渗漏试验，试验压力 0.4MPa，时间 10min，不应有渗漏，试验结束后在打压空安装螺塞（见图 2-386）。

（9）测量尾水管与伸缩节间的径向间隙，并根据间隙情况加工压板，加工时应预留 0.3mm（见图 2-387）。

图 2-386　伸缩节打压试验　　　　　图 2-387　压板安装

（10）检查过流面，使伸缩节与尾水管间的错牙不大于 1mm，否则应进行打磨处理。

（11）在调速器建压结束后，开展桨叶动作试验，检查桨叶动作灵活，桨叶与转轮体间无摩擦，若发现转轮体焊缝过高，影响桨叶转动，应对其进行打磨，并刷防锈漆（见图 2-388）。

（12）安装尾水进人门起升装置，清理尾水进人门密封槽，按要求安装 ϕ9 橡胶圆条，并在法兰面涂抹密封胶，检查流道人员及物品已全部撤离后，封尾水门，并在尾水门组合面焊接连接板加固（见图 2-389）。

图 2-388　转轮体焊缝打磨　　　　　图 2-389　尾水进人门密封槽清洁

第三章
发电机安装

第一节　定子组装

一、概述及组装顺序

　　发电机主要由发电机定子、转子、滑环室及接地变压器等设备组成。其中水轮发电机定子线圈采用双层条式波绕组，Y形接线，由铁芯、线棒、上下端齿压板、汇流环等部件组成。定子是电动机或发电机静止不动的部分。定子由定子铁芯、定子绕组和机座三部分组成。定子的主要作用是切割旋转磁场产生（输出）电流，定子机座主要作用是作为定子铁芯叠片的支撑结构，承受定子的扭矩，构成冷却气体的通道，构成轴承、机架和冷却器的支撑结构。定子铁芯是定子的主要磁路，也是定子绕组的安装和固定部件。定子组装安装顺序如图 3-1 所示。

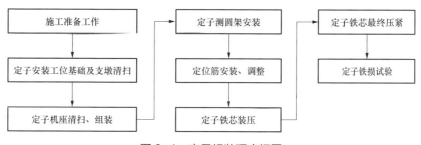

图 3-1　定子组装顺序框图

二、定子机座组装

（1）将安装间定子安装工位基础板清扫干净后按照图纸摆放定子安装支墩，按分布半径3450mm将配对楔子板放置在支墩顶面并调平，要求每对楔子板水平在2.0mm以内（见图3-2～图3-5）。

图3-2　定子基座起吊

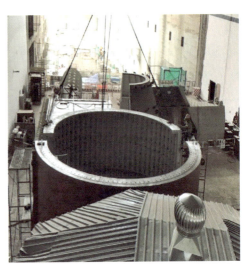

图3-3　定子基座组圆

图3-4　基础楔子板

图3-5　基座支墩放置

（2）检查处理定子机座组合面及组合面密封槽，去除高点、油污及毛刺等，检查密封槽尺寸应与图纸一致（见图3-6、图3-7）。

（3）按图纸相关技术要求安装 ϕ12 橡胶密封条，放置于组合面密封槽内（见图3-8）。

图 3-6　组合面及组合面密封槽

图 3-7　清洁组合面及组合面密封槽

图 3-8　将密封条放置密封槽内

（4）在定子机座组合面涂抹密封胶（见图 3-9），在密封胶凝固前完成机座组装工作。

图 3-9　定子机座组合面涂抹密封胶

（5）装配定子机座组合面把合螺栓 M42×300（见图 3-10），在定子机座上架设两块百分表，表针分别抵住组合螺栓两端，对螺栓进行拉伸把合（见图

3–11~ 图 3–13 ），拉伸值 0.28~0.31mm，右侧的百分表数值减去左侧的百分表数值即为拉伸值。

图 3–10 安装定子机座组合面把合螺栓

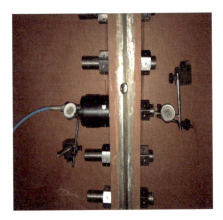

图 3–11 把合螺栓拉伸

图 3–12 拉伸工具

图 3–13 液压泵

（6）组合螺栓把合完成且组合面密封胶固化后，焊接定子机座（见图 3–14）。

图 3–14 定子机座焊接

（7）装焊灭火水管及电缆支架，定子铁芯与机座壁之间间隙用阻燃布塞紧，避免杂物掉入，定子装配完成后，将阻燃布取出（见图3-15）。

图3-15　冷却水管及电缆支架安装

三、定子测圆架安装

（1）将定子测圆架吊入定子机座内，放置在定子工位中心基础平台上，在中心柱装百分表，按照定子机座下环板内圆加工面找好中心柱中心，要求中心偏差小于0.35mm（见图3-16、图3-17）。

图3-16　测圆架中心基础平台　　　　图3-17　测圆架安装

（2）采用悬挂钢琴线的方法检查中心柱的垂直度，调整中心柱底盘，使中心柱垂直度偏差不超过0.02mm/m，测量范围内上下偏差不超过0.05mm，然后在90°方向重复测量调整（见图3-18、图3-19）。

（3）反复重复以上两步，调整中心柱的中心及垂直度满足要求后将中心柱压紧在基础平台上。

图 3-18　测量测圆架中心柱的上下偏差

图 3-19　调节螺旋千分尺

四、定位筋安装

（1）对定位筋、托块进行清扫、检查（见图 3-20、图 3-21），去除毛刺，检查和校正定位筋，定位筋周向、径向直线度小于 0.10mm，扭曲小于 0.10mm。

（2）清理定子机座，用双头螺栓及压板将机座底环固定在支墩上，复查机座水平及中心。在测圆架横臂上架百分表检查机座下齿压板上平面水平度应在 1mm 以内（见图 3-22），并复测测圆架中心及垂直度。

图 3-20 定位筋清洁

图 3-21 托块打磨

图 3-22 检查测圆架横臂的水平度

（3）定位筋装焊采用大等分 6 等分（见图 3-23、图 3-24），选取 6 根直线度和扭曲度较好的定位筋作为大等分基准筋，划出大等分定位筋的中心线。

图 3-23 基准定位筋固定

图 3-24 六等分定位筋划分

（4）将托块套在定位筋上，将定位筋初步摆放到位，各层托块与环板对应，定位筋底部垫 5mm 垫片（见图 3-25）。按照图纸要求在定位筋背部与托块间加垫片（见图 3-26），初步调整定位筋的周向及径向位置（见图 3-27），并用 C 形夹固定定位筋在定子机座环板上（见图 3-28、图 3-29）。

图 3-25　定位筋底部加装垫片　　　图 3-26　定位筋背部与托块间加垫片

图 3-27　调整定位筋的周向及径向位置

（5）选取一根大等分定位筋为基准筋并调整：用悬挂钢琴线的方法调整基准筋的周向、径向垂直度，要求垂直度小于或等于 0.05mm/m（见图 3-30）。

（6）用中心柱测量定位筋内径，控制偏差在 ±0.05mm 范围内，测点为定位筋中心线上、中、下三点，上下测点内径差不超过 0.05mm（见图 3-31）。托块焊接后定位筋会因焊缝收缩被向外拉动，定位筋挂装半径应较理论值 3415mm

小 0.15~0.30mm。

图 3-28　C 形夹 　　　　　　　　　　　图 3-29　双头支撑

图 3-30　调整基准筋的周向、径向垂直度

图 3-31　测量定位筋中心线上、中、下三点内径

（7）在测圆架测量臂上安装百分表，测量并调整定位筋向心，定位筋两侧测量读数 $|a-b| \leq 0.05mm$（见图 3-32）。

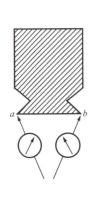

图 3-32　测量定位筋两侧距离偏差

（8）重复（5）~（7）步骤，反复调整定位筋内径、垂直度及向心度，合格后用 C 形夹加固并将托块点焊在 V 形板上（见图 3-33）。

图 3-33　点焊拖块

（9）在基准筋上选取一点作为基准点，标记明显记号，测量其内径并做好记录（见图 3-34）。

（10）以基准筋为起点，在 6 根大等分定位筋上、中、下三处各安装一个弦距测量工具，要求测量工具相对等高且方向一致，顺时针（俯视）测量调整大等分筋弦距，要求大等分筋弦距偏差在 ±0.15mm 以内，大等分筋测量弦距（见图 3-35、图 3-36）。

图 3-34　基准筋内径测量

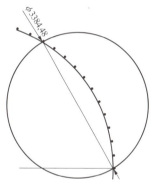

图 3-35　大等分筋测量弦距　　　　　图 3-36　大等分筋弦距测量

（11）将测圆架测量臂上百分表在步骤（9）所定基准点处调零，用测圆架检查并调整定位筋内径、向心度，合格后用 C 形夹将托块固定在定子机座各层环板上（见图 3-37）。

图 3-37　托块固定

（12）反复调整大等分筋内径、弦距、垂直度及向心度，点焊托块，点焊顺序如图 3-38 所示，焊缝长度约 10mm。

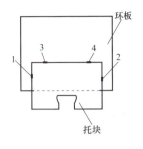

图 3-38　点焊托块

（13）在各大等分范围内按照步骤（4）～（8）要求安装、调整定位筋的内径、垂直度及向心度。利用弦距检查样板或球头量杆检查、调整定位筋间弦距，测量时检查定位筋上、中、下三点。每一大等分区内同一高程定子机座 V 形板上所有定位筋内径及弦距应一次调整完毕，将同一大等分区内定位筋弦距偏差值均匀分布于大等分区内所有定位筋间弦距。每一大等分区内定位筋调整合格后，按照步骤（12）要求将定位筋托块点焊在 V 形板上。

（14）所有定位筋搭焊完成后，重新测量测圆架中心柱垂直度及中心；重新测量基准筋内径、垂直度及向心度。检查所有定位筋内径、弦距及向心度等应符合以下要求：

1）定位筋各托块处相对半径偏差小于或等于 0.10mm；

2）定位筋弦距偏差小于或等于 0.15mm；

3）定位筋向心度小于或等于 0.05mm；

4）测量记录并验收以上数据。

五、托块焊接

（1）焊接托块前用双头千斤顶周向固定定位筋，将定位筋周向顶牢，检查相邻定位筋弦距偏差小于或等于 0.15mm 以内，然后进行施焊，每层焊缝焊接后冷却至室温方可拆除千斤顶（见图 3-39）。

（2）所有焊接位置均为平焊，焊条采用到货 ϕ3.2 焊条（见图 3-40），焊接电流控制在 90~140A，定位筋托块焊接采用 ϕ1.2 焊丝 CO_2 气体保护焊（见图 3-41）。

图 3-39　C 形夹及双头千斤顶周向固定定位筋

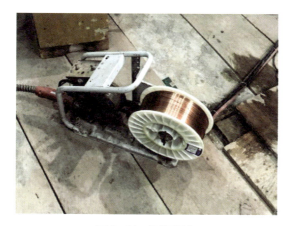

图 3-40　平焊焊条

图 3-41　焊接托块

（3）托块焊接焊层及焊缝编号如图 3-42 所示。

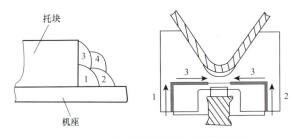

图 3-42　托块焊接焊层及焊缝编号

表 3-1　　　　　　　　　　　定位筋托块焊接顺序表

焊接步骤	1	2	3	4
托块层次顺序	3.4.2.5.1.6	3.4.2.5.1.6	3.4.2.5.1.6	3.4.2.5.1.6
焊缝编号	1、2	1、2	1、2	1、2
焊缝层次	1	2	3	4
焊接步骤	5	6	7	8
托块层次顺序	3.4.2.5.1.6	3.4.2.5.1.6	3.4.2.5.1.6	3.4.2.5.1.6
焊缝编号	3	3	3	3
焊缝层次	1	2	3	4

表 3-1 中托块层次顺序依照环板层数编号如图 3-43 所示。

图 3-43　托块层次顺序依照环板层数编号

（4）所有定位筋按照步骤焊接，每焊完一遍需要待焊缝充分冷却后再焊下一遍，每焊接一遍要检查定位筋各项数据，如果超差应打磨焊缝调整后重新焊接。

（5）所有定位筋托块焊接完成后复测定位筋内径应在 3415mm（−0.10~+0.20mm）内，弦距偏差小于或等于 0.15mm，向心度小于或等于 0.05mm。焊缝不应有裂纹、气孔、夹渣、咬边等缺陷，焊高不低于 8mm（见图 3−44）。

图 3-44　满焊托块

（6）定位筋托块焊接验收完成后对定位筋、机座加工面进行清理、保护、喷漆（见图 3−45）。喷漆前对下齿压板上平面、定位筋正面及燕尾槽进行保护。

图 3-45　定位筋及托块清洁打磨

六、铁芯叠片

（1）在大齿压板上摆放后齿压板，后齿压板上摆放一层冲片，根据冲片调整后齿压板位置及压板的压指内径，压指中心与冲片齿中心偏差小于或等于 1mm，用螺栓把合固定后齿压板（见图 3-46、图 3-47）。

图 3-46　后齿压板安装

图 3-47　穿心螺杆孔洞

（2）安装下层粘胶片。

1）短齿粘胶片：装叠于第 1 段和第 48 段，共 4 种短齿粘胶片，第 48 段短齿片如图 3-48 所示分布，依次为项 19~ 项 22，第 1 段与第 48 段上下对称分布。

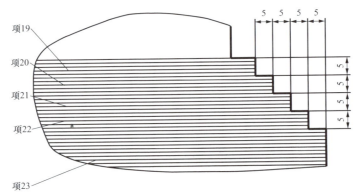

图 3-48　短齿粘胶片

2）长齿粘胶片：装叠于第 2 段和第 47 段，其中第 47 段如图 3-48 项 23 所示分布，第 1 段与第 47 段上下对称布置（见图 3-49）。

图 3-49　长齿粘胶片

3）环氧扇形片：第 3、24 段及第 46 段全圆周叠一层（见图 3-50）。

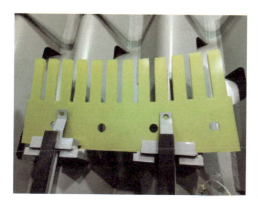

图 3-50　环氧扇形片

4）定子铁芯测温冲片：装叠于第 4 段、第 24 段及第 45 段铁芯，用于测温电阻安装，共计 18 处（见图 3-51）。

5）定子扇形片：用于其余部位铁芯装叠（见图 3-52）。

（3）分层整圆叠片，上、下层冲片错位 1/2，叠片过程中需不断进行铁芯整形，保持槽形和穿心螺杆孔整齐无突出、错牙（见图 3-53）。

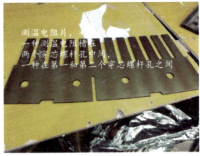

图 3-51　定子铁芯测温冲片

图 3-52　定子扇形片

图 3-53　定子叠片上、下层冲片错位 1/2

（4）第一段铁芯叠完后，沿圆周均匀塞入槽样棒，每张扇形片放两根槽样棒及一根槽楔槽样棒定位，以固定定子冲片。槽样棒不能紧贴槽底或突出铁芯表面，槽样棒及槽楔槽样棒随铁芯叠片增加及时升高（见图 3-54~ 图 3-57）。

图 3-54　通风槽片

图 3-55　槽楔槽样棒

图 3-56　槽样棒

图 3-57　叠片检查

（5）叠片过程中应用整形棒整形，并随时测量内径，用铜锤整形及调整铁芯内径。要求铁芯的每段齿面平整，其内径相对差小于或等于 0.10mm（见图 3-58）。

（6）测量每段铁芯厚度，如偏差大，应及时增减冲片。按图纸叠装通风槽片，通风槽钢的齿尖应平整，槽钢尖端向上翘，未整平好的通风槽片不应叠入（见图 3-59）。

图 3-58　铁芯内径测量

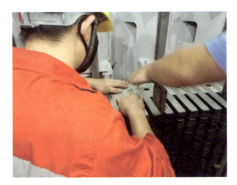

图 3-59　通风槽片叠入

（7）当叠片高度超过 V 形板时应及时取出定位筋和托块之间的垫片（见图 3-60）。

图 3-60　取出垫片

（8）叠片过程中安放测温电阻（见图3-61、图3-62），安放测温电阻时不要损伤测温电阻，安放后需用绝缘电阻表检测电阻阻值。层间测温电阻引线从附近的通风沟穿入。铁芯测温电阻布置在第4、24、45段铁芯，对应槽号见表3-2。

表3-2　　　　　　　　　　　　铁芯段和对应的槽号

序号 NO.	98	99	100	101	102	103	104	105	106	107	108	109	110	111	112	113	114	115
铁芯段 PACKETS NO.	4	24	45	4	24	45	4	24	45	4	24	45	4	24	45	4	24	45
槽号 SLOT NO.	63	33	45	117	99	81	195	165	135	261	231	243	315	297	279	393	363	333

表3-2中槽号编号为定子铁芯下线槽号，其中 $-Y$ 方向左侧槽为第1槽，俯视逆时针编号。

图3-61　涂刷粘胶

图3-62　测温电阻

（9）叠片至一定高度后需测量铁芯齿部与槽底、轭部背部的高度差值，并根据齿涨情况用环氧扇形片剪调节片加垫在轭部背部及时调整。

七、定子铁芯压紧

（1）定子铁芯分别在高度达到550、1100mm时进行预压紧，预压紧前对所有工具提前检查并清理干净。

（2）将工具压板置于冲片上，穿入工具拉紧螺杆、装下端工具垫块。穿心螺杆受拉力6350kg（±5%），对应工具螺杆的拉伸值为1.4mm。

（3）根据螺杆拉伸值，将3~5根工具螺杆穿入铁芯（见图3-63），用手将螺母旋紧（见图 3-64、图 3-65），在工具螺杆两端架设百分表（见图 3-66），分别用液压拉伸器拉伸到螺杆的计算拉伸值，拉伸时拉力需逐渐增加，当螺杆伸长值达到 1.4mm 时，记录螺杆拉伸值对应的液压拉伸器的数值（需注意其拉伸值为工具螺母带紧后工具螺杆回弹得拉伸值）。重复做 3~5 次拉伸试验后取液压拉伸器数值的平均值作为工具螺杆的最终实际拉伸力（F）（见图 3-67、图 3-68）。

图 3-63　工具螺杆穿入铁芯

图 3-64　用手将螺母旋紧

图 3-65　套入液压拉伸装置

图 3-66　在工具螺杆两端架设百分表

图 3-67　液压拉伸装配

图 3-68　液压拉伸器

（4）预压紧前检查槽样棒、槽楔槽样棒不应高于铁芯上表面，通风槽片不得直接放在压板下面。

（5）沿铁芯圆周方向，将液压拉伸头等分均匀布置，第一次将拉伸力调至拉伸力（F）的 40%，然后用液压拉伸器拉伸工具螺杆后，将工具螺母把紧。

（6）将液压拉伸头换至圆周同方向相邻工具螺杆上，按以上操作依次将所有工具螺母把紧。

（7）将液压拉伸器的拉伸力数值调至拉伸力（F）的 70%，沿定子圆周从上一次相反方向拉伸，并将所有工具螺母把紧。依照以上操作再用液压拉伸器用拉伸力（F）的 90%、100% 将工具螺母把紧，其中 100% 需正、反各压一次（建议按 50%、75%、100% 拉紧）。

（8）用量紧刀片检查铁芯紧度，检查总长、内径、波浪度、齿涨并记录，从铁芯齿部到轭部背部的齿涨小于或等于 3mm。

（9）完成全部叠片后装前齿压板、穿心螺杆、螺母、垫圈等（见图 3-69~ 图 3-72）。

（10）将穿心螺杆包绝缘（见图 3-73、图 3-74），待绝缘完全固化后（如绝缘不固化很可能会导致穿心螺杆绝缘电阻不合格），套入绝缘套管，放进铁芯，涂抹螺纹锁固胶锁定。

图 3-69　穿心螺杆

图 3-70　穿心螺杆叠片

图 3-71　穿心螺杆绝缘罩

图 3-72　穿心螺杆安装

（11）用整形棒沿全长方向逐槽整形，检查铁芯内径及波浪度，并调整合格。检查上齿压板的每个压指与冲片对齐情况，压指中心与冲片齿中心偏差小于或等于 2mm。

（12）参考步骤（3）测量穿心螺杆对应的液压拉伸器数值，穿心螺杆拉伸值为 2mm，然后按步骤（5）~（7）依次对称压紧铁芯并把紧穿心螺杆螺母。

（13）用量紧刀片检查铁芯紧度，全面检查铁芯内径、总长、齿涨及波浪度，给定子铁芯喷漆（见图 3-75）。

图 3-73　穿心螺杆包绝缘之前

图 3-74　穿心螺杆包绝缘之后

图 3-75　定子铁芯完成整体喷漆

第二节　定子下线安装

一、概述及安装顺序

桑河水电公司共装设 8 台容量为 50MW 的灯泡贯流式机组，均由东方电机有限公司制造，发电机为上游灯泡式三相交流同步发电机，采用常压密闭循环强迫通风全空气冷却，发电机励磁方式采用静止晶闸管励磁，定子和转子绕组采用 F 级绝缘。发电机定子线圈采用双层条式波绕组，Y 形接线，由铁芯、线棒、上下端齿压板、汇流环等部件组成。具体安装顺序如图 3-76 所示。

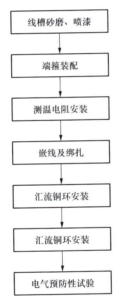

图 3-76　定子下线安装顺序框图

二、定子线棒下线

1. 下线前的耐压试验

（1）定子线棒开箱后，将线棒平放在垫有橡皮垫的清洁木架上，用干燥压缩空气吹干净并用干净的塑料布盖好。

（2）仔细清理和检查线棒，若表面防晕层或表面半导体漆损伤，需进行修复后再用，若主绝缘损伤则不能使用。

（3）定子下线试验前，应测量线棒的绝缘电阻，用 2500V 绝缘电阻表应大于 5000MΩ。

（4）对线棒进行 $2.75U_N+2.5kV$ 抽样耐压试验、$1.5U_N$ 起晕试验（见图 3-77、图 3-78）。

图 3-77　线棒加压试验台

图 3-78　线棒耐压试验

2. 线槽砂磨、喷半导体漆、编槽号、槽电阻测量

（1）线槽打磨：仔细检查线槽、通风沟，槽内凸片、毛刺修磨平整（见图 3-79、图 3-80）。首先制作线槽打磨板，在整个打磨板上粘贴涤纶毡或橡皮，外面两侧包绕 1 号砂纸且固定好，打磨板上的砂纸应与线槽侧面及底部接触良好。然后沿线槽全长打磨线槽，修磨线槽时不得造成铁芯片间短路。打磨完成后用干燥高压空气全面吹扫铁芯及线槽，清理干净铁芯及线槽上的灰尘和打磨产生的微粒。

图 3-79　线槽打磨

图 3-80　毛刺修整

（2）喷 DECJ1305 低电阻防晕漆：用胶带粘贴报纸等于铁芯齿端面和齿压板。将半导体漆的混合物搅拌均匀，符合要求。

图 3-81　喷漆前做好铁芯防护

（3）线槽编号：编写槽号于线槽的上、下端部。按机组转向顺序每隔 10 槽编一槽号。标示出绕组上、下层间安装有测温电阻的线槽，测温电阻所在线槽。标示出过桥及引出线棒的位置所在槽（见图 3-82）。

图 3-82　下线前做好标识

3. 上下端箍装配

（1）将角钢与支撑板把好。将角钢搭焊在 V 形筋上，放上端箍，检查端箍圆度及各段拼合情况，适当钳修，使成整圆，按图纸要求在各段接头处塞入接头。

（2）在定子铁芯槽内，沿整圆端箍均匀布置，放入 18~24 根下层线棒，使用下层压线工具将线棒临时压紧，调整支撑板，使线棒与端箍留 1~2mm 左右的间隙。

（3）取下线棒及端箍，拆下支撑板，满焊角钢，并清理焊渣、补漆。

（4）重新把好支撑板，放上端箍，调整好支撑，使之与端箍尽量靠紧。支撑板的安放位置应避开线棒引出头的位置。

（5）将端箍各段接头用不锈钢焊条组焊成整圆，所有接头处焊后均应锉修平滑并清理干净。

（6）将端箍按图纸要求绑扎于支撑板上，端箍接头处按图纸以及绝缘规范要求包好绝缘。将端箍接头处的旧绝缘削成斜坡，包扎绝缘。在迭包的过程中刷室温固化胶，保证新旧绝缘搭接大于 50mm 以上。

（7）检查定子上下端箍与嵌入的下层线棒的间隙应均匀，间隙应能保证下层线棒与定子铁芯槽底间不存在任何间隙（见图 3-83、图 3-84）。

（8）用浸有环氧酚醛树脂清漆的五纬玻璃丝带，将端箍牢固地绑扎在支撑板上。

图 3-83　上端端箍固定

图 3-84　下端端箍固定

4.嵌放下层线棒

（1）检查线棒与端箍之间的间隙，按照间隙的大小，在端箍内径侧垫入适当厚度的浸有 DECJ0793 室温固化胶的涤纶毛毡，并用 0.1×25 无碱玻璃纤维带固定。

（2）在槽底放入厚度为 0.25mm 的导电玻璃布，上部可用胶带粘在槽口。玻璃布应伸展平直无卷曲，其长度应伸出铁芯上下端各 10~15mm。

（3）将槽衬平铺在槽衬成形装置胎板上并用压板将其四点压住，用天平称量一定量的半导体腻子 J 0901（见图 3-85），用专用刮胶板将胶均匀涂到槽衬上（涂胶时需注意使胶在槽衬中间，使槽衬两侧无胶部分宽度一致）（见图 3-86、图 3-87），将线棒直线段大面朝下放置在槽衬布上，松开压紧夹子，将槽衬包裹在线棒上（见图 3-88）。操作中保护线棒端部，防止半导体腻子污染端部防晕层。

（4）为保证腻子胶充满槽侧，胶量需足够，线棒下进槽内后需保证胶渗出线棒侧面。

图 3-85　半导体腻子

图 3-86　固定槽衬

图 3-87　在槽衬上涂抹腻子

图 3-88　将槽衬包裹在线棒上

（5）将线圈包装塑料布包裹在线棒端部，以免胶污染线棒，调整线棒高度，使线棒中心线应对准定子铁芯的中心线，将线棒平行推入槽中，当线棒与槽口平齐后，先将线棒侧面渗出的胶清理干净并收集好，然后用尖嘴钳将槽衬多余部分小心撕掉，不要损伤线棒侧面的槽衬，最后用橡皮锤均匀地将线棒打入槽底，与槽底接触良好。线棒一旦进入槽口，不再进行轴向位移。

（6）下层线棒到位后，垫入垫条，及时用临时压线工具将线棒压紧（见图3-89）。用刮刀和干净白布清理干净线棒端部，并检查线棒端部斜边间隙是否均匀，线棒两端伸出槽口的长度是否符合图纸要求。如果线棒需轴向位移，应拔出线棒，修正位置后，重新按要求嵌入，不允许敲击头部修正位置（定子测温）（见图3-90、图3-91）。

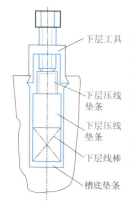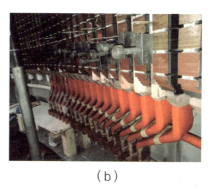

图 3-89　下层压线垫条及下层工具
（a）下层压线垫条；（b）下层工具

图 3-90　压线垫条安装　　　　图 3-91　线棒固定

（7）下层线棒压紧后，及时检查下层线棒与端箍间的接触情况以及槽底下层线棒与铁芯间的接触情况，要求无间隙。

（8）称量余胶总量，和涂胶前重量比较，计算出胶的实际用量以备嵌其余下层线棒时使用，在嵌上层线棒时仍按以上操作计算上层线棒胶的实际使用量（需增加一定余量，以保证线棒进入槽内时有余胶从侧面渗出）。

（9）按室温固化胶 DECJ0792、DECJ0793 各自的配比配制室温固化胶。在正式配胶时应注意随配随用，不要一次配太多。

（10）下层线棒嵌入后，将间隔块和槽口垫块用浸好 DECJ0793 胶的涤纶毛毡包裹，安放到下层线棒间相应位置。安放时应分别保持线棒上下端部的间隔块在同一高度上，高差小于 2mm，间隔块塞入定子下层线棒的深度一致。对高出垫块的适形毡应用剪刀及时剪去，然后进行绑扎。绑扎时横向（垂直线棒方向）无碱玻璃纤维绝缘绑扎带半叠绕的宽度等于斜边垫块的长度，纵向（线棒端部的间隙）叠绕 2 层，绑扎后将线头塞到内部，保持外部光滑平整（见图 3-92）。如果线棒端部之间间隙过大，可加垫适形毡，绑扎处表面应涂刷 DECJ0792 室温固化环氧胶（见图 3-93）。

图 3-92　涤纶毛毡包扎　　　　　　　图 3-93　涤纶毛毡刷胶

（11）按以上步骤完成下层线棒嵌装（见图 3-94、图 3-95）。

（12）待线棒端部绑扎好后，取出压线工具和压线垫条。

5.测温电阻安装

（1）在同一温度下检查所有测温元件的起始电阻值。

（2）铁芯部分测温元件在叠片时已放入。

图 3-94　线棒下端部包扎

图 3-95　线棒上端部包扎

（3）层间测温电阻在制造时已埋于垫条中，安装于下层线棒上，测温电阻与通风槽穿入的引线相连，引线拐角处应放一层 0.2mm 厚绝缘纸板加以保护。

（4）按照定子测温装置图中的编号，配置测温电阻（见图 3-96）。其引线位置应确保与铁芯通风沟位置对应。与外引电缆接头用电烙铁锡焊焊牢。屏蔽线引出线根据电阻线圈所在的槽编号并装标签。

（5）将测温引线和线夹，按实际情况敷设，将线夹搭焊在机座环板上，线夹内引线用电绝缘纸板保护。

（6）测温引线从通风沟引出后，将引线固定。测温引线穿过机座上环板，沿机座壁行走，再与接线箱相接。

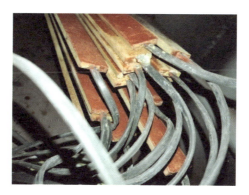

图 3-96　线棒测温电阻

6. 上层线棒嵌入

（1）仔细清理干净定子下层线棒。

（2）用压缩空气吹净下层线棒，并用与下层不同的颜色漆标出电阻线圈、上层引线和连接线的槽号，方法同前。

（3）放入层间垫条、电阻线圈。并接线包好绝缘后检查电阻线圈是否有短路、断路现象。层间垫条两端各伸出铁芯末端 10~15mm（见图 3-97、图 3-98）。

图 3-97　层间垫条　　　　　　　　图 3-98　固定层间垫条

（4）将涤纶护套玻璃丝绳浸透室温固化环氧胶 DECJ0793 并晾至半干后放在下层线棒端部适当位置（见图 3-99），每次浸胶长度应视下线进度快慢及环境温度高低而定，切不可过长以免固化浪费。

图 3-99　使用涤纶护套玻璃丝绳固定上层线棒

（5）在适当的槽号下 18~24 根上层线棒，检查端部伸出长度及上、下层线棒引线头对齐情况，若无问题，再将上层线棒用橡皮锤沿长度方向均匀打入，嵌入其余线棒。线棒下端用木凳加木楔临时支撑住，以防止线棒轴向窜动。线棒侧面与铁芯间的间隙处理及要求同前。注意上、下层线棒引线头对齐情况，对层间有测温元件者，垫层间垫条时应躲开测温元件，以免压坏测温元件。

（6）在线棒下入前，参照下层线棒操作，将线棒直线段外表包裹上槽衬后才下入铁心槽内，并应控制线棒与铁心中心位置，合格后才打入铁心槽内，嵌入后的线棒不得轴向移动。

（7）用压线工具和压线垫条将上层线棒压住（见图3-100）。

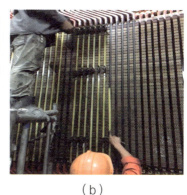

楔下垫条

（a）　　　　　　　　　　　　　　（b）

图3-100　嵌入楔下垫条及固定楔下垫条
（a）嵌入楔下垫条；（b）固定楔下垫条

（8）上层槽口垫块及间隔块仍按前面相同方法进行配放和绑扎（见图3-101）。

图3-101　绑扎上层线棒

（9）所有绑扎处刷透CJ0792室温固化环氧胶。

（10）取出压线工具和压线垫条、楔下垫条。

7. 打紧槽楔

（1）打槽楔前先试配槽楔，检查槽楔上的通风口是否能与铁芯通风槽对上，否则需修槽楔（见图 3-102）。

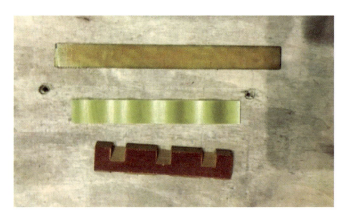

图 3-102　槽楔、波纹板及垫条

（2）利用深度尺测量从槽口到上层线棒之间的距离，考虑波纹板的压缩量，计算出打紧槽楔时，楔下所需垫入垫条的厚度。波纹板压缩后按 1.2~1.4mm 控制（波纹板厚度按 0.9mm 设计值计算），根据此厚度值垫好垫条，然后将槽楔打紧。槽楔紧度的检查以加垫厚度为准，听敲击声为辅。

（3）打槽楔时，应注意通风沟的方向，槽楔下垫条伸出槽口的长度不得超过槽楔，尤其不允许与线棒高电阻半导体漆相碰；槽楔上通风沟与铁芯通风沟的中心对齐，偏差不大于 3mm；所有槽楔伸出铁芯槽口长度应符合设计要求，相互高差不大于 5mm；槽楔表面不得高出铁芯内圆表面，两段槽楔接头之间间隙不超过 2mm（见图 3-103~ 图 3-106）。

（4）用 $\phi 2$ 玻璃丝绳，对下端槽楔进行绑扎，绑扎后对玻璃丝绳涂刷 DECJ0792 室温固化胶。

8. 线圈并头焊接

（1）用酒精或者甲苯仔细清理线棒头部，彻底清除引线头表面的余胶、氧化层及其他污物（见图 3-107）。

（2）检查、调整使上、下层线棒并头对齐，轴向偏差不大于 4mm；径向错位不超过 2mm；对接接头间隙不超过 2mm，否则需配做铜楔。

图 3-103 检查垫条厚度是否合适

图 3-104 打入槽楔

图 3-105 检查槽楔是否松动

图 3-106 塞入垫条

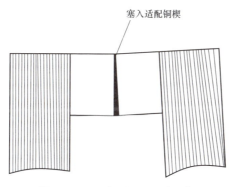

图 3-107 清洁铜楔板（一）

图 3-108　清洁铜楔板（二）

（3）对铁芯和线棒进行遮盖保护，防止焊瘤等杂物掉入（见图 3-109、图 3-110）。

图 3-109　用石棉布包裹线棒端部

图 3-110　使用焊机进行加热焊接

（4）线棒并头焊接完成后，清理并头表面，检查并头的焊接质量，应整齐、光滑，焊料饱满，无气孔等缺陷（见图 3-111、图 3-112）。

图 3-111 上端焊接完成　　　　图 3-112 下端焊接完成

（5）预装调节跨接线并焊接，焊接方法同并头块焊接方法一致。焊跨接线之前将跨接线下面的绝缘盒套在线棒上，跨接线并头块与线棒并头对齐。

9.绝缘盒套装

（1）灌下端绝缘盒。

（2）用电话纸包好下端用绝缘盒。

（3）在定子线棒下端放置木凳，套入绝缘盒，通过绝缘盒下的木楔调整绝缘盒的位置，使绝缘盒与线棒的间隙符合要求。

（4）配制绝缘盒灌注胶 DECJ1209。将灌注胶倒入绝缘盒中，固化补灌再固化（见图 3-113~ 图 3-117）。

（5）待全部固化后进行清理，撕去电话纸。

图 3-113 将绝缘盒灌注胶 DECJ1209 A、B 组分进行混合并搅拌

图 3-114　用电话纸包住下端绝缘盒

图 3-115　固定下端绝缘盒

图 3-116　进行灌胶

图 3-117　灌胶后等待凝固

（6）灌上端绝缘盒。

（7）试套上端绝缘盒，使绝缘盒与线棒的间隙符合要求，贴着绝缘底，用无碱玻璃丝带将绝缘垫条绑扎在定子线棒上端部内、外可一圈，可用于调整、固定上端绝缘盒位置。

（8）放上堵漏板，将上端绝缘盒包裹电话纸后套在并头上，盒底与堵漏板用腻子进行封堵。

（9）配制绝缘盒灌注胶 DECJ1209。将灌注胶倒入绝缘盒中，固化补灌再固化。

（10）待全部固化后进行清理，撕去电话纸（见图 3-118~图 3-124）。

10. 铜环引线安装

（1）清点铜环数量，清理和检查其他相关部件的数量和质量。

（2）装铜环及其接头，布置支撑的固定线夹。

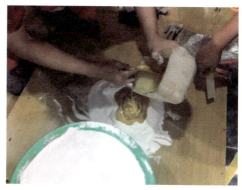

图 3-118　制作封堵腻子

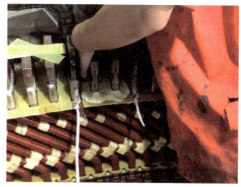

图 3-119　在上端头安装堵漏板

图 3-120　腻子封堵上堵板　　　　图 3-121　安装上端绝缘盒

（3）将引线头与铜环、引出线与铜环、铜环与铜环，以及线棒与引线头进行焊接（见图 3-124）。焊接方法为银焊，焊接完成后，检查焊接部位的质量。

图 3-122 绝缘盒灌胶

图 3-123 胶体凝固

图 3-124 拆除堵板

图 3-125 出线连接头

图 3-126 汇流环连接接头

图 3-127　汇流环连接头焊接

（4）铜环焊接完成后，安装主、中引出线，并将线夹垫块焊于机座环板上。

（5）铜环、引线、跨接线安装完成后，对所有铜线裸露部分进行清理、绑扎、包绝缘（见图 3-128）。

图 3-128　对所有汇流环裸露部分进行包扎

（6）安装完成后整体喷漆，加热干燥（见图 3-129）。

图 3-129　完成定子喷漆

一、概述及安装顺序

转子采用无轴上游悬臂结构，悬垂与水轮机轴上，由转子支架（包括中心体）、磁轭、磁极及阻尼环等部件构成，磁极铁芯使用薄钢板冲片，采用螺栓拉紧；滑环室位于转子上游侧，由励磁电缆、碳刷、刷握及集电环等部件组成；接地变压器由一、二次绕组，铁芯等部件组成。转子主要包括转子中心架、磁极和励磁绕组，利用两个滑环向转子励磁绕组通入直流励磁电流，产生恒定磁场，当转子旋转时，此磁场也旋转，此旋转的转子磁场切割定子三相对称绕组，在定子三相绕组中感应三相对称电势，此电势输出来就是三相交流电。具体安装顺序如图 3-130 所示。

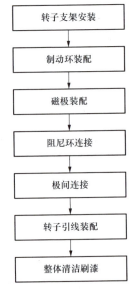

图 3-130　转子安装顺序框图

二、支墩安装

（1）转运转子组装支墩（8 个 / 台机）及楔子板至施工场地，检查和清理这些部件。

（2）放置8个支墩及楔子板于转子拼装工位基础上并调平（见图3-131）。

图3-131　放置转子支墩

三、转子支架安装

（1）将转子支架吊装至转子工位支墩上，上游面朝上摆放。

（2）清扫转子支架上的防腐保护漆及各配合法兰面（见图3-132），检查转子支架与制动环、大轴、集电环配合的法兰面，消除高点。

（3）清扫各螺栓孔，检查各带丝螺栓孔丝扣情况，如需要则进行攻丝处理。

（4）用千斤顶配合转子支墩及楔子板调整转子支架中心上游侧法兰面水平小于或等于0.05mm/m。

（5）在转子支架磁轭环上做好中心线标记，以备磁极安装用。

图3-132　打磨转子支架保护漆

四、制动环装配

（1）检查并清理制动环装配的所有附件，检查、清扫转子支架上的 $\phi26$ 的144个孔。

（2）清扫制动环结合面，检查测量结合面径向水平及波浪度，要求波浪度小于或等于1.5mm，径向水平小于或等于0.5mm。

（3）制动环装配要求如下：

1）螺栓的紧固力矩值为 460（±5%）N·m，取正偏差为宜。

2）调节相邻制动环板之间间隙的均匀性，螺栓头部不得超出制动环摩擦接触面。

3）制动环螺栓紧固后，用 0.05mm 塞尺检查制动环轴向配合间隙，不能通过。

4）每块制动环的径向水平偏差小于或等于0.50mm，在旋转方向上后一块不得高出前一块。

5）制动环周向波浪度小于或等于 1.5 mm。

（4）验收合格后，点焊制动环螺栓（见图 3-133）。

图 3-133　转子制动环安装

五、磁极安装

（1）检查清点磁极起吊和翻身工具的所有部件。

（2）检查磁极表面，每个磁极与磁轭环结合面不得有毛刺或高点。

（3）确定每个磁极的挂装位置，注意重量分布均匀、对称。

（4）对每个磁极按照挂装位置编号并在磁极上标记，检查磁极托板和沿磁极绝缘托板周围的磁极铁芯的相对位置偏差情况，磁极托板不得突出磁极铁芯。

（5）检查清扫磁极螺栓孔。

（6）检查把合筋上孔的距离是否与磁极铁芯上的螺孔距离及转子支架磁轭环孔的距离匹配。

（7）对每个磁极进行耐压、绝缘等电气试验（见图3-134）。

图3-134　磁极电气预防性试验

（8）对磁极进行编号，并对磁极铁芯中心做好标记。

（9）预装两个磁极以确定涤纶毛毡的厚度，预装后，从转子支架磁轭环的每个通风环部位进入，用0.05mm塞尺检查磁极铁芯轴向弧面与转子支架磁轭环结合面间以及每个磁极的绝缘托板与转子支架磁轭环的沿绝缘托板周边的间隙，不能通过为准，以确定每个磁极垫涤纶毛毡的厚度。

（10）用剪刀配剪42mm×1800mm涤纶毛毡带，作涤纶毛毡与793室温固化胶的浸透试验。

（11）将涤纶毛毡浸793室温固化胶，取出拧干，并凉挂好，毛毡使用前需进行保护不得被污染。

（12）除1、2号磁极外，放置涤纶毛毡在磁极托板上，使毛毡拉直贴紧在磁极托板上。

（13）装配磁极螺栓。磁极把合筋端头两个螺栓孔位置正对转子支架磁轭环两个ϕ47孔的位置，磁极把合筋有凸台与转子支架磁轭接触，在磁极把合筋的中部位置将磁极把合筋与转子支架磁轭点焊牢固。

（14）用磁极吊装及翻身工具吊装磁极，用千斤顶支撑磁极，安装磁极把合筋和螺栓，用千斤顶调整磁极铁芯的中心高程，在所有螺栓的工作长度上涂抹螺纹锁固密封胶 TS1243。

（15）打紧磁极的螺栓，最终紧固力矩值为 3000N·m。按照图 3-135 所示指定顺序分三次对磁极螺栓进行紧固（第一次升至 1500N·m，第二次升至 2500N·m，最终升至 3000N·m），最终拧紧力矩为 3000N·m。

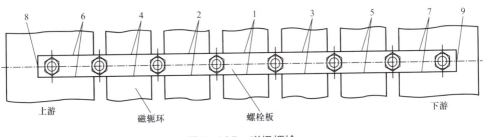

图 3-135　磁极螺栓

（16）检查每个磁极铁芯的中心与转子支架下游侧法兰面位置偏差，196mm±0.5mm。

（17）用 0.05mm 塞尺检查磁极铁芯与转子磁轭环的空气间隙及磁极绝缘托板沿磁极绝缘托板周围与转子磁轭环的空气间隙，应无法通过。

（18）按照图 3-135 所示顺序要求，焊接磁极把合筋与转子支架磁轭，焊缝的焊接层次按图 3-136 所示执行（焊接时，应采取措施防止焊瘤、焊渣进入空气间隙和磁极内）。磁极把合筋的焊缝质量做 VT 检查。

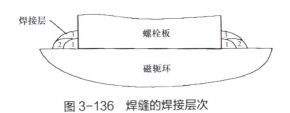

图 3-136　焊缝的焊接层次

（19）用剪刀剪除涤纶毛毡多余部分以避免影响风道（见图 3-137），检查每个磁极螺栓的紧固力矩，检查磁极的垂直度（见图 3-138~图 3-141）。

图 3-137　清洁磁极把合筋

图 3-138　安装磁极螺栓　　　图 3-139　螺纹锁固胶

图 3-140　磁极逐个吊装

图 3-141　按要求紧固螺栓力矩磁极

六、阻尼环连接装配

（1）检查和清理阻尼环连接片及其所有附件。

（2）以阻尼板上的孔为样板，在阻尼环连接片上配钻 $\phi9$ 孔。

（3）安装磁极的阻尼环连接片（见图 3-142、图 3-143），并紧固，M8 螺栓的紧固力矩值为 30（±5%）N·m。

（4）用 0.05 塞尺检查磁极的阻尼环连接和阻尼环之间的间隙，塞入深度不得大于 5mm。

（5）锁定除 1、2 号磁极外其余磁极的阻尼环连接的螺栓。

图 3-142　下端阻尼环连接片安装　　　　图 3-143　上端阻尼环连接片安装

七、极间连接线装配

（1）检查和清理磁极线圈引线头和所有极间连接线。

（2）按照图纸要求装配极间连接线（见图 3-144）。

图 3-144　磁极连接线安装

八、转子引线装配

（1）清理和检查转子引线装配的所有附件。

（2）清理和检查集电环支架，将集电环支架与转子支架临时组装固定。

（3）装配转子引线（见图 3-145）。

图 3-145　转子引线安装

九、转子清扫，喷漆

全面清扫转子，焊缝位置打磨光滑，祛除焊瘤，按图纸要求进行整体喷漆（见图 3-146）。

图 3-146　转子整体喷漆

第四节　锥体及灯泡头安装

一、概述及安装顺序

桑河水轮机锥体及灯泡头主要由锥体、灯泡头、空冷器、导风筒及相关管道附件和锥体平台组成。灯泡头、锥体和定子外壳组成了一个密闭空间，使发电机及其辅助设备在其内安全运行。灯泡头有减少水流阻力的作用，锥体内冷却系统可对发电机进行持续冷却。锥体内平台可作为工作人员检修和巡视的平台，同时也是受油器支座固定的基础板。

锥体及灯泡头安装程序主要包括分瓣锥体组装，锥体内冷却系统安装，吊装用支撑平台焊接，分瓣灯泡头组装，锥体及灯泡头组装，锥体及灯泡头整体安装等工程项目。

锥体及灯泡头安装顺序如图 3-147 所示。

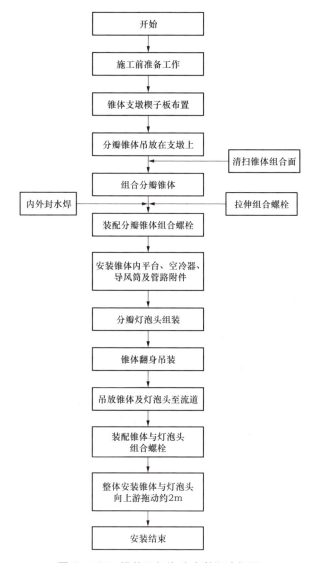

图 3-147 锥体及灯泡头安装顺序框图

二、锥体及灯泡头组装

（1）在安装间布置 8 个支墩，在支墩上放置配套楔子板，调整各个支墩上楔子板高度，使其高差小于 1mm，将分瓣锥体分别吊放在支墩上，分瓣锥体组合缝处留有足够距离。清扫分瓣锥体组合面，检查组合面平面度，去除高点、毛刺、污物等（见图 3-148）。

（2）检查组合面合格后拼装锥体（见图3-149）。

图3-148　分瓣锥体组合面清理　　　　　　图3-149　拼装锥体

（3）装配分瓣锥体组合螺栓，在分瓣锥体上架设百分表，表针正对组合螺栓端头。对称拉伸组合螺栓，拉伸顺序由两个拉伸器自组合面中间向两侧拉伸，记录拉伸各组合螺栓伸长值，要求伸长值为0.28~0.31mm，最大拉伸力矩为150MPa（见图3-150、图3-151）。

图3-150　组合螺栓拉伸　　　　　　图3-151　液压拉伸器

（4）对锥体组合法兰面内外封水焊，焊接采用细焊条小电流封焊，焊后打磨光滑，焊缝表面做磁粉探伤并记录检查结果，探伤合格后在焊缝处刷漆（见图3-152~图3-154）。

图3-152　组合面焊缝　　　　　　图3-153　焊缝打磨

图 3-154　焊缝刷漆

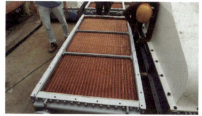

图 3-155　空冷器

（5）对空冷器进行打压试验，试验压力 1.0MPa，保压 30 分钟无渗漏（见图 3-155）。

（6）安装锥体空冷器，要求在螺栓把合面粘贴一层羊毛毡，预留出螺栓孔。螺栓把合紧固后，折下止动垫圈对螺栓进行防松处理（见图 3-156、图 3-157）。

图 3-156　空冷器吊装

图 3-157　止动垫片紧固

（7）安装锥体导风罩，要求冷却器与导风罩之间粘贴一层羊毛毡，预留出螺栓孔。螺栓把合紧固后，锁紧止动垫圈对螺栓进行防松处理（见图 3-158）。

（8）安装空冷器进出口连接蝶阀，对连接螺栓进行紧固后锁紧止动垫圈对螺栓进行防松处理（见图 3-159）。

图 3-158　导风罩安装

图 3-159　空冷器进出口蝶阀安装

（9）对空冷器管路内、外圈进行装配，把管路摆放水平后，在法兰面放入密封圈，对螺栓进行紧固，锁紧止动垫圈对螺栓进行防松处理（见图 3-160、图 3-161）。

图 3-160　空冷器管路装配

图 3-161　空冷器管路密封、螺栓安装

（10）吊装内、外圈空冷器管路。调整管路水平后，用弯头焊接连接（见图 3-162~ 图 3-165）。

图 3-162　空冷器管路吊装

图 3-163　空冷器管路弯头焊接

图 3-164　空冷器管路弯头焊接

图 3-165　空冷器管路焊接完成

（11）安装锥套连接管，对螺栓进行紧固，锁紧止动垫圈对螺栓进行防松处理（见图 3-166、图 3-167）。

（12）在安装间布置 8 个支墩，在支墩上放置配套楔子板，调整各个支墩上楔子板高度，使其高差小于 1mm，将分瓣灯泡头分别吊放在支墩上，分瓣灯泡头组合缝处留有足够距离。清扫分瓣灯泡头组合面，检查组合面平面度，去除高点、毛刺、污物等（见图3-168）。

（13）装配分瓣灯泡头组合螺栓，对称拉伸组合螺栓，拉伸顺序由两个拉伸器自组合面中间向两侧拉伸，记录拉伸各组合螺栓值，要求伸长值为0.28~0.31mm。

（14）对灯泡头组合法兰面内外封水焊，焊接采用细焊条小电流封焊，焊后打磨光滑，焊缝表面做磁粉探伤并记录检查结果（见图3-169~图3-173）。

图3-166　锥套连接管安装

图3-167　锥套连接管

图3-168　分瓣灯泡头组合面清理

图3-169　分瓣灯泡头组合面焊接

图3-170　分瓣灯泡头组合面焊接

图3-171　分瓣灯泡头组合面焊缝打磨

图 3-172　分瓣灯泡头组合面内面焊接

图 3-173　分瓣灯泡头清扫

三、锥体及灯泡头吊装

（1）在安装间焊接制作锥体及灯泡头吊装用支撑平台（见图 3-174）。

（2）安装翻身工具（锥体翻身靴），在翻身靴与锥体之间夹设木方，防止损伤锥体。进行锥体翻身吊装（见图 3-175、图 3-176）。

图 3-174　锥体及灯泡头吊装用支撑平台

图 3-175　安装锥体翻身靴

（3）锥体翻身后拆除翻身工具，将锥体吊放于支撑平台上，将支撑平台与锥体加固牢靠（见图 3-177）。

图 3-176　锥体翻身

图 3-177　锥体放置于支架上

（4）焊接内平台、上平台支撑与支架，根据实际尺寸配割。要求保持平台水平，平面焊缝打磨光整（见图3-178~图3-181）。

图3-178 锥体内支撑支架焊接

图3-179 锥体内支撑平台焊接

图3-180 锥体上支撑平台焊接

图3-181 锥体平台整体

（5）在流道内发电机垂直支撑柱位置，用座环安装专用支墩搭设1.2m高安放平台，平台尺寸为4.5m×4m，采用20号工字钢制作，用于吊放锥体及灯泡头（见图3-182）

（6）检查清扫灯泡头与锥体组合法兰面，去除毛刺、高点及污物，在锥体上游法兰面涂抹密封胶并把密封装入密封槽内（见图3-183）。

图3-182 锥体流道内支墩

图3-183 锥体法兰面清洁和密封安装

（7）用厂房 160t 桥机吊装锥体至流道内安放平台上（见图 3-184）。

（8）翻身并吊装灯泡头至流道内，与锥体组装，在密封胶未凝固前完成组装工作（见图 3-185~ 图 3-187）。

图 3-184　锥体安放至支墩上（一）

图 3-185　吊装灯泡头（一）

图 3-186　锥体安放至支墩上（二）

图 3-187　吊装灯泡头（二）

（9）装配锥体与灯泡头组合螺栓，双头螺栓短头朝上游，在灯泡头和锥体上分别架设百分表，表针正对组合螺栓端头，按照图纸要求对组合螺栓跳步对称进行拉伸，拉伸量为 0.28~0.31mm，检查并记录拉伸结果（见图 3-188、图 3-189）。

图 3-188　灯泡头与锥体组合螺栓

图 3-189　灯泡头与锥体组合螺栓拉伸

（10）锥体与灯泡头装配完成后，螺栓装配和密封胶凝固后，对组合面做 0.4MPa 封水泄漏试验，30min 不得泄漏，用压缩空气吹干密封面。

（11）锥体与灯泡头装配完成后，如图 3-187 所示采用 14 根 $\phi 89 \times 10mm$ 厚壁无缝钢管布置在流道面，将锥体与灯泡头整体吊放在无缝钢管上，用链条葫芦拉动锥体与灯泡头吊装支撑向上游拖动约 2m，以便机组后续定子等设备吊装（见图 3-190、图 3-191）。

图 3-190　支架下钢管

图 3-191　灯泡头与锥体整体前移

（12）锥体及灯泡头拖动到位后对锥体下游侧法兰面做可靠保护，防止施工阶段法兰面出现受损，生锈等现象。锥体及灯泡头整体做稳定可靠加固支撑，防止其倾倒。

四、锥体及灯泡头整体安装

（1）发电机定子安装完成后，将停放在上游的锥体及灯泡头拖动至下游，尽量靠近发电机垂直支撑（见图 3-192）。

图 3-192　锥体及灯泡头整体拖动至下游

图 3-193　锥体整体与定子基座把合

（2）清扫锥体和定子组合法兰面，消除高点、毛刺及污物，检查定子组合面法兰面上密封槽，去除高点、毛刺、污物等。

（3）在定子机座组合面安装 $\phi 12$ 密封橡圆条，在定子组合面上按图纸要求涂抹平面密封胶，在密封胶未凝固前吊装锥体及灯泡头与定子组装（见图 3-194）。

图 3-194　锥体与定子组装

图 3-195　锥体与定子机座组合面打压

（4）装配锥体与定子组合螺栓，在锥体和定子上分别架设百分表，表针正对组合螺栓端头，按照图纸要求对组合螺栓进行拉伸，拉伸量为 0.28~0.31mm，检查并记录拉伸结果。

（5）螺栓装配完成后对组合面做 0.4MPa 水压试验，30min 内不得泄漏、掉压。水压试验完成后用压缩空气吹干密封面，记录水压试验结果。

（6）在定、转子安装完成后，按要求安装环形挡风板、鼓风机等其他附件（见图 3-196、图 3-197）。

图 3-196　鼓风机

图 3-197　挡风板预装

第五节　受油器安装

一、概述及安装顺序

受油器是双调水轮机特有设备，其主要作用是将调速系统的压力油自固定油管引入到旋转的操作油管内，并将其传送至桨叶接力器，及时、有效地调整桨叶开度，从而使水轮发电机组始终处在协联工况下稳定运行。

桑河水电站受油器安装在发电机前面的灯泡体内，主要由主轴内外操作油管、转轴内外操作油管、转轴、桨叶开度指示装置、浮动瓦、受油器壳体、支撑板等部件组成。受油器设有漏油收集和排油装置，并用管路将漏油排至漏油箱。受油器共有三个腔室，分别为桨叶开腔、桨叶关腔、轮毂保压油腔，三个腔室外部通过无缝钢管分别与调速液压系统及轮毂高位油箱相连，内部通过三块浮动瓦分别与桨叶内外操作油管及轮毂保压油室形成通路。

受油器安装顺序如图 3-198 所示。

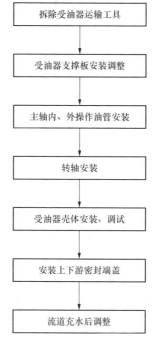

图 3-198　受油器安装顺序框图

二、安装准备

（1）拆除受油器运输工具（见图 3-199、图 3-200）。

（2）拆除受油器上下游密封端盖（见图 3-201 ~ 图 3-203）。

（3）拆除受油器转轴（见图 3-204）。

（4）检查浮动瓦（见图 3-205），检查后对转轴进行涂油保护（见图 3-206）。

图 3-199　受油器本体

图 3-200　受油器支撑

图 3-201　拆除受油器前端盖

图 3-202　拆除受油器后端盖

图 3-203　拆除端受油器转轴

图 3-204　检查拆除的转轴

图 3-205　对浮动瓦进行检查

图 3-206　检查后对转轴进行涂油保护

三、安装受油器支撑板

　　根据图纸在发电机定子内支撑上安装受油器支撑板，预紧螺栓和垫圈。偏心销套暂时不安装，受油器支撑板安装在锥体与定子机座把合之前进行，这样便于现场安装工作开展（见图 3-207、图 3-208）。

图 3-207　受油器支撑板吊装

图 3-208　受油器支撑板安装完成后

四、安装主轴操作油管

　　（1）安装主轴与转轴上游的内操作油管（见图 3-209）。

　　（2）安装主轴上游的外操作油管（见图 3-210）。

图 3-209　主轴上游内操作油管安装

图 3-210　主轴上游外操作油管安装

五、受油器转轴安装调整

　　（1）吊装受油器转轴和内操作油管到机坑（见图 3-211）。

　　（2）调整受油器转轴和主轴外操作油管的相对位置，安装受油器转轴在主轴外操作油管上（见图 3-212）。

图 3-211 受油器吊装

图 3-212 受油器安装完成后

六、测量和调整受油器转轴盘车摆度

（1）沿着轴向方向，设置 3 圈测点，每圈测点在垂直方向和水平方向各放置 1 个百分表（见图 3-213、图 3-214）。

图 3-213 受油器盘车前架表（一）

图 3-214 受油器盘车前架表（二）

（2）主轴盘车。盘车在水机室进行，对主轴使用胶皮进行包裹，对包裹后的主轴使用钢丝绳进行捆绑 3~5 圈，钢丝绳两端各挂一支 3t 的葫芦，盘车前需要将高顶开启（见图 3-215）。

（3）盘车周向测量八个点，旋转主轴观察百分表的变化，并记录检查结果。根据读数，计算受油器转轴的盘车摆度，摆度不能大于 0.10mm。如果摆度不满足要求，应进行调整。比如，按照正确的方位和调整量移动受油器转轴和主轴外操作油管的相对位置，在主轴外操作油管与大轴法兰连接处或转轴法兰与主轴外操作油管法兰连接处加垫进行调整（见图 3-216、图 3-217）。

（4）盘车合格后，根据图纸攻钻销孔安装销子，并进行点焊（见图 3-218）。

图 3-215　转轴盘车

图 3-216　转轴盘车数据测量

图 3-217　连接法兰间加垫调整

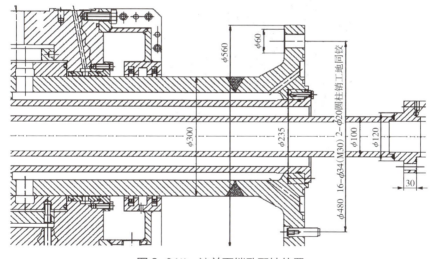
图 3-218　法兰面销孔配钻位置

七、受油器壳体安装调整

（1）安装受油器底板与绝缘板，将受油器底板与绝缘板通过把合螺栓安装于受油器底座上（见图 3-219）。

（2）吊装受油器壳体，使受油器壳体套装在受油器转轴上，然后放置在受油器支撑板上（见图 3-220）。

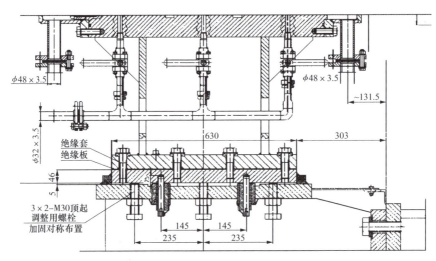

图 3-219　受油器底板与绝缘板安装位置

图 3-220　受油器壳体套装

（3）安装者需要准备调整工具来调整受油器体与转轴的相对位置。在调整期间，如果需要，应该松开受油器支撑板与定子内支撑的把合螺栓。

（4）在支撑板背部设置有 6 颗竖直方向的调整螺栓。考虑到充水之后竖直方向灯泡头上浮量，受油器底板与支撑板之间的可调间隙至少 0.50mm（见图 3-221）。

（5）通过水平调整螺栓调整受油器本体与转轴之间的 X 方向间隙（见图 3-222）。

图 3-221　竖直方向间隙调整

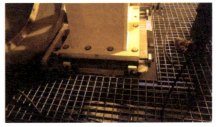

图 3-222　水平方向间隙调整

（6）测量受油器体和转轴之间的间隙，调整受油器体与转轴之间的同轴度不大于0.08mm，并记录检查结果（见图3-223）。

（7）受油器体调整好之后，把紧受油器支撑板与定子内支撑的把合螺栓，根据图纸点焊偏心销套（见图3-224）。

图3-223　受油器同轴度调整

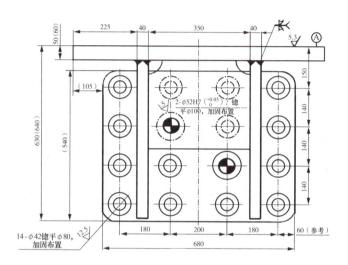

图3-224　受油器支撑板销套位置

（8）安装受油器下游轴套（见图3-225）。

（9）安装受油器上下游密封端盖（见图3-226）。

图3-225　下游轴套安装

图3-226　受油器端盖安装

（10）全部安装完毕后对轮毂及桨叶操作系统进行充油，充油后，对桨叶进行动作调试，同时检查轮毂及桨叶液压操作系统管路漏油情况。

八、流道充水之后受油器的调整

（1）充水之后，应该关闭进油管路，打开受油器底部的排油管路，拆除上下游密封端盖（见图3-227）。

（2）复测受油器轴套与转轴之间的间隙，根据目前的间隙调整受油器壳体位置，并记录检查结果（见图3-228）。

（3）调整合格后，锁紧调整螺栓背帽，预紧受油器壳体与支撑板把合螺栓（图3-229，图3-230）。

图3-227　密封端盖拆除

图3-228　间隙复测

图3-229　调整螺栓

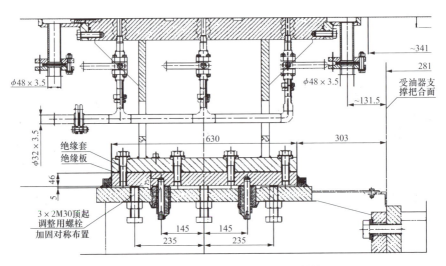

图3-230　调整螺栓与把合螺栓安装位置

（4）安装上下游密封端盖。

（5）根据图纸焊接受油器底板与受油器支撑板之间的挡板。在焊接期间，应用百分表监测受油器壳体位置变换，如果百分表读数变化，应停止焊接或者改变焊接顺序（见图 3–231、图 3–232）。

图 3–231　挡板焊接

图 3–232　挡板焊接完成后